只要你坚持，世界不会将你抛弃

松鼠君 编著
SONG SHU JUN

中南出版传媒集团
民主与建设出版社

图书在版编目(CIP)数据

只要你坚持，世界不会将你抛弃 / 松鼠君编著. --北京：民主与建设出版社, 2017.11

ISBN 978-7-5139-1807-7

Ⅰ.①只… Ⅱ.①松… Ⅲ.①成功心理－通俗读物 Ⅳ.①B848.4-49

中国版本图书馆CIP数据核字(2017)第281100号

只要你坚持，世界不会将你抛弃

ZHI YAO NI JIAN CHI SHI JIE BU HUI JIANG NI PAO QI

出 版 人 许久文

编　　著 松鼠君

责任编辑 刘艳

装帧设计 亿德隆装帧

出版发行 民主与建设出版社有限责任公司

电　　话 (010) 59417747　59419778

社　　址 北京市海淀区西三环中路10号望海楼E座7层

邮　　编 100142

印　　刷 三河市天润建兴印务有限公司

版　　次 2018年1月第1版　2018年1月第1次印刷

开　　本 880mm×1230mm　1/32

印　　张 8

字　　数 180千字

书　　号 ISBN 978-7-5139-1807-7

定　　价 36.00元

前言

纪伯伦曾说过：我宁可做人类中有梦想和有完成梦想的，渺小的人，而不愿意做一个伟大，无梦想的人。每个人都怀揣着一份属于自己的梦想。没有梦想的人犹如折翼的鸟儿，没有梦想的人生，就如船只失去灯塔，飞机失去航标。面对人生的梦想、目标，我们是否曾经迷惑过？面对机遇，我们是否曾经失落过？面对艰巨挑战，我们是否曾经放弃过？面对苦难前途，我们是否也曾经自嘲过？

幸福的未来之路上，必然浸透着个人奋斗的汗水。

奋斗是获取成功，实现梦想的必要途径。没有人能一劳永逸，也不能依靠别人实现梦想，唯有用自己的汗水，通过自己努力获取的未来才能熠熠生辉。中国有句古话："千里之行，始于足下。"意味一个人要想走得远，走得好，需得立足当下一步步去走，才能身行千里大有作为。

君不见，书家圣人王羲之的书法之所以矫若游龙，翩若惊鸿，是因为他临池学书，废寝忘食，常年洗笔将一池清水染成浓

黑;乒乓皇后邓亚萍的球技之所以炉火纯青，所向披靡，因为她夏练三伏，冬练三九，多块球板被握出沟槽而浑然不觉;无臂琴师刘伟的脚下功夫神奇，风景无限，是因为他夜以继日练琴不止，脚趾被磨出鲜红的血泡也从未想过放弃。他们为着未来而不懈奋斗着，使他们今日被鲜花和掌声装点得璀璨无比，晶莹的汗水折射出他们勇于追梦的心，他们值得拥有这一切。当我们有一天老了，究竟有什么经历是你最值得跟晚辈分享？当你的梦想幻灭了，目标消散了，机遇被别人抢去了，挑战失败了，你才恍然大悟，我的人生好像是缺了点儿什么，但是究竟是什么你却说不出来。

这本书，不同于一般的心灵鸡汤。如果你的人生目标缺少规划，拼搏的动力不足，这本书就是为你准备的：它是努力的金钥匙，是拼搏的发动机。

人生在世，弹指一挥间！不要在盲目中挥霍自己的光阴，不要在徘徊中幻灭自己的梦想。生命不息，奋斗不止；希望的曙光不灭，目标就永远在自己的前头。

努力和拼搏永远是斩获成功的利剑，就让我们信心满满地冲进拼搏的竞技场，披荆斩棘，激流勇进，享受拼搏的历程，品味追求成功的荣耀吧！

目录
CONTENTS

第一章
行动吧，为梦想去努力

愿你我都拥有大树的智慧与勇气，靠着自己的奋斗，拥抱幸福的未来，走出自己的康庄大道。

第二章
行动吧，定制自己的专属之路

也许我们的成功比别人晚，财富比别人少，但是我们所做的，完全是因为自己适合做这件事，因此我们的内心是充实和丰盈的，并且是毫不犹豫地勇敢走下去。

第三章
行动吧，不要让成功擦肩而过

成功的华丽外表下，总是潜藏着磨难与困境。

只有经得起环境考验的人，才能算是真正的强者。

第四章
行动吧，坚持下去，赢得精彩人生

获得成功的众多品格之中，拥有勇敢探索、坚持自己、坚韧不拔的品格最为重要，因为它们能让我们承受常人无法承受的磨难与痛苦，同时也能让我们到达别人无法想象的高度。

第五章
行动吧，从改变自己开始

人生在世，要时刻思考人生。虽然命不可更改，但运是可以改变的。当你无法改变环境时，改变自己。

第六章
行动吧，让自己充满正能量

正能量的人，拥有大智慧，他们分得清世界的黑白曲直，不会在人生的道路上跑偏也不会随波逐流。

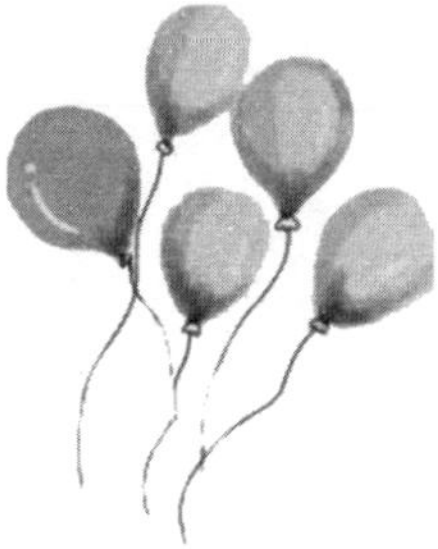

第七章
行动吧，战胜困难，感悟精彩人生

只有当我们累得体无完肤的时候，奋斗和拼搏才会更加精彩。

只有当我们疑惑不前的时候，我们的智慧才能愈发放射出耀眼的光芒！

第一章

行动吧，为梦想去努力

愿你我都拥有大树的智慧与勇气，

靠着自己的奋斗，

拥抱幸福的未来，

走出自己的康庄大道。

戴尔·卡耐基曾经说过：“每个人都应该根据自己的环境、条件、素质、兴趣等，确定实现梦想的方向，努力根据自己的特点来规划自己。”

有一种东西，它承载着人们的希望，虽然他看不见，摸不着，却能在心中产生巨大的力量。它，就叫梦想。上帝没有赐予我们翅膀，却赐予了我们会飞的心和能够梦想的大脑，使我们有了一双“隐形的翅膀”，带着我们在人生辽阔的天空里自由飞翔。

可有的人，没有梦想，更不曾想过要为自己的未来努力奋斗。他们也像大树一样，没有翅膀，没有腿，却将自己的未来寄希望于别人，好逸恶劳，醉生梦死。试想飞禽走兽若答应大树的请求，他们终有一天也会因大树的庞大而感到飞行的疲惫而体力不支，大树也不能前往那么多的地方欣赏风景。依附他人而铸就的未来，哪有靠自己双手拼搏而出的那样闪光动人？自己奋斗，不苛求别人，那样获取的未来才是春光满满，幸福无比。

愿你我都拥有大树的智慧与勇气，靠着自己的奋斗，拥抱幸福的未来，走出自己的康庄大道。

真正能实现梦想的人并不是比别人天资聪颖、头脑灵活，而是他们能够坚持为自己的梦想去努力、去奋斗，最终实现自己的梦想，获得成功。

我出售的是梦想

20岁之前，你可以用很多的激情去对抗、去叛逆，说出太多的我不想。可是到了20岁，你就要认真地问自己一句我想要过怎样的生活？青春除了用来享受和挥霍，还要用来思考和抉择。只有确定了自己的方位，才能在梦想的指引下，为下一个十年铺路。

在欧美，如果哪个好莱坞明星或者亿万富豪想买个私人岛屿，他脑中首先出现的很可能是法哈德·维拉迪先生那憨厚的笑容。因为35年来，全球私人岛屿交易的一半以上都出自他手，从电影明星梅尔·吉布森到伊朗王子沙拉姆都是他的客户。

在时光荏苒中，维拉迪也从迷恋岛屿的少年变成知名岛屿经纪人，最终自己也成为岛主。维拉迪说，他还要帮更多的人实现岛屿梦想，因为“你买得起汽车就能买得起岛屿”。

[伊朗王子成为第一批顾客]

维拉迪长得平平常常，浓密的白发，亲切的笑容，外表丝毫没有王者的霸气。小时候的他，也不过是个怀揣着鲁滨逊梦想的普通少年，幻想着在渺无人烟的孤岛上当岛主。后来这个少年进入汉堡大学，选择了国民经济学专业，甚至曾梦想成为一名摄影师，就是没想到自己有一天竟然能出售岛屿。

时光回到1971年，25岁的维拉迪一边为取得经济学博士学位而用功读书，一边在德意志银行实习工作。“我偶然看到报纸上的一条消息——印度洋上的一个热带岛屿被人以仅2000美元买下。”维拉迪说，“就是这一瞬间改变了我的一生。我突然意识到，我也能买得起小岛了！”

这片岛屿当时属塞舌尔共和国。当年的飞机票价昂贵，还没有直达航班，等维拉迪从印度孟买转机来到目的地时，发现最便宜的小岛也已经被炒到10万美元，远远超过他的承受能力，维拉迪失望地回了家。为了挽回自己经济上的损失，他联络到汉堡一位知名的商人，游说他买下这座叫库辛的小岛。出人意料的是，这个商人在未亲临岛屿的情况下就一口气买下库辛岛和另外两座小岛，并支付给维拉迪5%的佣金。

“我用我永不离身的岛屿照片把他说服了。”维拉迪永远揣着岛屿照片和相关资料出现在各种鸡尾酒会上，接近那些成功人士，问他们对买个私人岛屿有没有兴趣。“最初，我没有任何资源，口口相传是我能想到的最廉价的推广方式。”维拉迪说。很快，又有几个汉堡商人对维拉迪表示自己有意购买岛屿。维拉迪着手进行了市场调研，发现很多人都有买岛的愿望。于是，他花了约相当于现在50欧元的费用，在一家报纸上做了条提供岛屿买卖中介服务的小广告，正式开始了岛屿经纪人生涯。

巧合的是，维拉迪在完成第一笔交易时结识的一位塞舌尔年轻律师詹姆斯·曼卡姆，居然不久后当选为塞舌尔总统。维拉迪顺利地成为当地15座岛屿的经纪人，并成功卖出了其中的7座。这是他接手的第一单大生意。在维拉迪这一批顾客中，最引人注目的是伊朗王子沙拉姆。这位王子为了方便从首都德黑兰来的飞机起降，居然在岛上修了一条飞机跑道。

[只有22人的全球公司]

维拉迪很快把下一个目标锁定在欧洲。苏格兰、爱尔兰以及法国布列尼塔一带，不但岛屿买卖自由。而且这些岛屿往往都有传奇般的历史，仅那些宏伟的古堡就足够吸引人了。维拉迪遭遇的唯一问题，就是要找出这些岛屿属谁所有。他加入了一个飞行俱乐部，说服飞行员带着他沿海岸线考察。他仔细观察岛上从豪宅到码头的每一处建筑。随后，他开始骑车沿海岸线行驶，和遇到的每一个渔民聊天，搜集线索。一旦岛主确定，生意也就接踵而至。

在维拉迪办公室里，文件柜遮住了整整一面墙，这里面存放着维拉迪公司的核心资源——全世界数千座岛屿的资料。每座岛屿的资料占一格：地图、照片、测量数据、交易历史、历任岛主的资料、相关的剪报、地产乃至税收方面的证明……文件柜里存放的简直就是世界岛屿的百科全书。为了搜集这些资料，维拉迪的足迹遍布全球，不断地沿着岛屿拍照、了解岛屿的所有者、向当地政府了解政策。“一旦我得到信息，某个岛主打算将岛屿出售，我会第一时间出现。帮助他预测市场前景并寻找买家”。出名之后，不少卖家和买家会主动找上门来，但直到今天，维拉迪一年中还会有3到4个月在天上飞来飞去。

“现在我手头就有126座等待出售的岛屿，平时差不多也是这个数量。平均每年能达成交易的大概30来座。”维拉迪说。如今，公司的经营收入每年达到了2000万到3000万欧元，成了名副其实的行业老大。出租岛屿业务更是蓬勃发展，每年可达10万人次之多。有趣的是，这样一个知名的公司，所有员工加起来才不过22人，工作效率之高足以让人惊叹。

[1500美元也能圆岛屿梦]

“虽然有那么多亿万富翁在买岛，但我们主要的交易集中在20万美元到80万美元之间，成交岛屿的平均价格是30万美元。”维拉迪解释说，“只要你买得起汽车，就能买得起岛。”除了名流，维拉迪的顾客也有普通人，德国人罗那德就是其中之一。他是汉堡一家电脑公司的电脑程序设计师，由于酷爱航海运动，他花5.5万美元买了一个位于瑞典的小岛，又花10万欧元建了一座1000多平方米的别墅，过起了真正的海岛生活。实际上，散布在世界各地的数千座私人小岛，并非每座都身价不菲。维拉迪出售过的最便宜的小岛在加拿大，算是湖心岛，500平方米，只有1500美元。“我曾经帮助一个只有5万美元预算的德国工人买下一座加拿大小岛，还帮另一名客户在同一地区花6000美元买了一座迷你小岛。所以，不一定等你成了百万富翁或者像鲁滨逊一样遭遇海难才能当上岛主。”

“现在越来越严重的环境问题、日常的工作压力、拥挤的人口，也促使更多的人有买岛的欲望。何况从技术上讲，如今在岛上生活要方便多了。三个月的时间，足以在岛上搭建起充足的水电设施。”维拉迪说，“在买岛前不妨租一个岛屿体验一下。如今有各类设施不同的岛屿可供选择租赁，喜欢露营的可以租用原始岛，一天才几十至几百美元。喜欢成群结队搞活动的，可以租一个设施完备的旅游岛，一星期也就几千美金。通过实际体验，你会了解岛上的生活，也会更清楚自己适合什么样的岛屿。”

在维拉迪最喜欢的一张照片里，他穿着休闲装，戴着太阳帽，手里扶着一块牌子，上面写着“出售”，脚下是一座非常非常小的岛屿。这张照片显示的就是维拉迪的姿态——私人岛屿不在大小和价格，而在于你是否喜欢。“我是在经营梦想。我已经实现了小时候的梦想，拥有了自己满意的海岛。”维拉迪说，“虽然我是个商人，但我一直在做着自己喜欢的事情，也在帮别人实现着梦想。”在我们的生活和工作中，绝大部分人都因为遇到困难、害怕吃苦而没有去坚持自己的梦想，很多人在遇到困难时甚至选择了放弃，这又何尝不是非常错误的做法呢？

做一个拥有梦想、点燃梦想引擎的人并不难，难的是要用坚持不懈的毅力和持之以恒的精神去拼搏，让自己的梦想成为现实。

真正能实现梦想的人并不是比别人天资聪颖、头脑灵活，而是他们能够坚持为自己的梦想去努力、去奋斗，最终实现自己的梦想，获得成功。

各位朋友，要想把看不见的梦想变成看得见的事实，首先要做的事便是定位自己的人生坐标，找好自己正确的前进方向，并把梦想作为人生的“主旋律”。

奋斗吧，拼搏吧，演奏出属于自己的人生梦想曲！相信终究有一天，你也会用自己的努力和汗水，奏出人生拼搏的美妙旋律。

如果不为自己的梦想去创业，一定会为别人的梦想去打工！一生最大的失败，不是跌倒，而是从来不敢奔跑，没有勇气付出行动去实现自己的梦想！生活给了一个人多少磨难，日后必会还给他多少幸运，为梦想颠簸的人有很多，不差你一个，但如果坚持到最后，你就是唯一。

一支桨也可以遨游沧海

世界上没有谁优不优秀，逼到绝路谁都能卓越；有了退路，谁都平庸！胆量大于能力，魄力大于努力。胆量不够大，能力再强都是小人物；魄力不够大，努力一生都是小成就。世界上有条很长很美的路叫做梦想，还有堵很高很硬的墙叫现实。翻越那堵墙，叫做坚持；推倒那堵墙，叫做突破。

梦是来自心中的呼唤，每个人的一生都为自己的梦想努力过。

野百合梦想着春天的到来，小天鹅梦想着飞翔在无边无际的蓝天，哪怕是一个孩子也都梦想着哪一天自己才能长大。

但是，与梦想相伴相生的就是失败。其实，人生的梦想并不会一帆风顺。每次失败，都是为成功埋下的伏笔；每次磨难，都是生命中宝贵的财富。每次考验，都是一份重要的收获；每次流泪，都是发自内心的真正醒悟。每次的伤痛，都是成长的支柱；每次的打击，都是坚强的后盾。

为了梦想去奋斗就必定要经历一些挫折，而坚强地战胜一次次挫折，使我们依然走在通往成功的路上，追逐着生命中的美好梦想。

在美国夏威夷基拉韦厄，有个小女孩非常喜欢冲浪。从小她就不停地在阳光明媚的夏威夷海岸与奔腾的浪潮搏击，但一场突如其来的灾难却差点夺去她的生命。

2003年10月31日的早晨，她和朋友一起去海湾冲浪。冲了大约半个小时后，她开始躺在冲浪板上休息，顺势把一条胳膊伸到水里玩耍。没想到在这快乐而悠闲的时刻，一条巨大的虎鲨突然从海水中蹿起，她随即感到胳膊一阵撕裂般的疼痛……

当她低下头看时，身旁蔚蓝的海水早已被染成了一片血红。看着顷刻间被鲨鱼咬断的手臂，她并没有恐慌和绝望，甚至连过度的挣扎都没有，因为她一转身就会掉进海水里。她冷静地用剩下的右手努力划向岸边，而目睹这一切的朋友也迅速用一条绳子绑住她的残肢为她止血。当被救护车送到最近的医院时，她已经失血达70%，生命危在旦夕。

经过紧急的输血抢救，小女孩终于从死亡线挣扎回来，这无异于一场噩梦过后的重生。

但刚从噩梦中醒来的她却在第一时间问医生："我什么时候

能再去冲浪？”医生被她的勇气所震撼，安慰她说等手臂的伤口愈合了就可以去。

几个星期后，当她胳膊上缠绕的绷带被慢慢拆开时，长长的伤口呈现出来。她的哥哥顿时脸色惨白，妈妈几乎要晕倒，她那苍老的外婆独自走出病房掩面而泣。没人愿意接受这个残酷的现实，因为这一年，她才13岁！唯独女孩自己显得异常平静。

当大家都疑惑于她不合年龄的镇定时，她说了一句让所有人都震撼的话：“世界上没有可以让时间倒流的机器，我无法改变现实。这就是上帝为我安排的命运，我要勇敢面对它。我期待着有一天可以重返大海。”

一个多月后，人们惊奇地又在美丽的海岸看到了她的身影。她告诉人们她还要继续冲浪，虽然人们都报以祝福的笑容，但大多数人都认为这是不可能的。冲浪是一种需要技巧和平衡的运动，一个断臂的人又如何能在翻卷的大浪中找到平衡点呢！

但事实证明她可以做到！她开始刻苦地进行恢复训练，当她再次登上冲浪板时，不一会儿就掉进了咸涩的海水里，但她马上又站起来重新登了上去……

人们好心地劝她停止无谓的努力，但她坚持要继续下去，她告诉人们：“我的灵魂属于冲浪，我的冲浪板就是我的生命之船，而我的双臂就是一对船桨。以前我用双桨遨游大海，现在我不小心折断了一支，但所幸我还有一支，只要有一支桨，我就可以遨游沧海。”

就这样，她一次又一次地从冲浪板上摔下来，一次又一次地登上去。

终于，在漫长而刻苦的训练之后，她不但恢复了原来的冲浪水平，而且还在不断提高，居然令人惊叹地成为一系列赛事的冠军。

一年后，她一举夺得了第15届美国冲浪锦标赛冠军。不久，她加盟国家冲浪队，准备向世界冲浪冠军的宝座发起冲击。

她对生活的积极态度和顽强的拼搏精神受到了人们的敬佩和赞赏，大家都称她为“小英雄”。

这个才16岁的小女孩用坚定的口气一次又一次地告诉大家：“当你命运之船的一支桨不幸折断时，不要灰心和绝望，因为你还有一支桨，你仍然可以用另一支桨遨游沧海，到达成功的彼岸！”

对我们绝大多数人来说，追逐梦想的结局可能不见得会真正站在成功的制高点。但是梦想依然伟大，它驱使着我们不断去尝试、去进取、去拼搏。

人生短短几十年，如果一个人连梦都不敢做，那么他就更谈不上梦想成真了。不要怕别人笑话你整天做梦，如果你能在做梦的同时勇敢迅速地付出行动，那么相信属于你的成功，终究会与你不期而遇。

美国服装业巨子雷夫·罗伦，他所创立的Polo服饰王国，创下了快速致富的典范。罗伦从小就喜欢做梦，当别的孩子玩耍时，他已拥有辨认皮夹克好坏、真伪的本领了。

上中学时，他用自己辛辛苦苦积攒的钱，为自己买衣服，不断地培养自己对服装的兴趣，力图日后向服装界进军。毕业后，他在典礼上庄重地表达了他的愿望——成为百万富翁。

罗伦渴望进入服装界的想法一直在他的脑海中盘旋，尽管他缺乏专业素养，却凭借其高超的鉴赏能力，获得一家领带制造公司的重用，得到了展示自己设计才华的机会。果然，他设计出来的东西获得了同行的赞誉。

后来，他的朋友由于欣赏他的才华，和他投资共建了Polo Fashion公司。从此，罗伦有了发挥才华的空间，便大胆地突破传统，将当时流行的2.5英寸宽的领带，出人预料地设计成了4英寸宽。而这种叛逆的设计，反而赢得了当时年轻人市场的肯定，进而掀起一股流行狂潮，Polo也从此成为了男装革命的急先锋。

有人也许会对罗伦的成功故事感到十分惊讶。单凭罗伦的地位和没有专业素养的背景，从一个单纯的兴趣、一个小小的梦想，直至成立自己的服装王国，进而成为最具影响力的服装巨子，是根本无法实现梦想的。这其中所埋下的让他梦想成真的伏笔是什么呢?

这都是因为他从小就具有强烈的欲望以及指导思想行动的潜意识，使他不需要经历过多挫折，就能将所处的环境改造成有利于自己事业发展的机会，甚至吸引好朋友来共创事业。他的梦想与他的爱好紧紧相连，这也使他在抓住成功机会的同时，能够很快在自己的位置上崭露头角。这笔源自人生梦想的财富就好比人有时候就像一屋子的黄金，而门却被锁上了。实际上，要去开启这扇门就差一把钥匙了。只要这扇门打开，生命中那无穷的智慧就会释放出来。因此，人类所具有的种种力量中，最神奇的莫过于梦想的能力。

大多数人都会把实现梦想、走向成功归因于他足够的幸运。难道真的光靠幸运吗？ 罗伦的机会和幸运是自己创造出来的，而将偶然的事件和机会贯穿起来的，就是他自己的梦想！ 有光荣的梦想，才能成就伟大的事业。

梦想是牵动人走向成功殿堂的“纽带”，一切伟大的行动均来自于光荣的梦想。有伟大梦想的人，即使面对再多的艰难险阻，也阻挡不了他前进的步伐。

人类所具有的种种力量中，最神奇的莫过于梦想的能力。一切伟大的行动均来自于光荣的梦想，梦想是牵动人走向成功殿堂的“伏笔”。梦想，是一切成功人士走向成功的起点和动力。就好像故事中的罗伦一样，成功将随之而来。而打造这把钥匙的材料，便是美好的梦想。

没有钱、没有经验、没有阅历、没有社会关系，这些都不可怕。没有钱，可以通过辛勤劳动去赚；没有经验，可以通过实践操作去总结；没有阅历，可以一步一步去积累；没有社会关系，可以一点一点去编织。但是，没有梦想、没有思路才是最可怕的，才让人感到恐惧，很想逃避！

找到下一个说是的人

等待和拖延是最容易压垮一个人斗志的东西，犹豫不决是你最大的敌人。能看书就不要发呆，能睡觉就不要拖延，能亲吻就不要说话，找到自己想做的事情已不容易，青春得浪费在美好的事物上。记得，唯有梦想才配让你不安，唯有行动才能解除你所有的不安。

“人的一生至少要有两次奋不顾身：一次为了爱情，一次为了梦想！”电影里的这句经典台词足以见得梦想在人生中的重要性，同时也预示了梦想与爱情之间，似乎有相同之处。浅显说来，那就是拥有梦想跟拥有爱情时一样，至少是十分幸福的。

张爱玲说过：“长的是磨难，短的是人生。”人生的短，与磨难的长一起衬托了梦想的美好而易于逝去。为什么不能为了梦想而奋不顾身一回呢？

梦想如同玫瑰，拥有梦想固然是幸福的，一个悲观的人只会瞧见它带刺的可怕，而对于一个敢于为了梦想而奋不顾身的人而言，只会想到它可爱的郁香。虽然实现梦想的过程无比艰辛，磨难如此漫长，但却有一种动力始终在催促着自己前进。只有不怕被刺伤手的人，才能真正披荆斩棘，最后手持玫瑰，此时才能真正懂得它的美丽和珍贵！

或许有人会说，谁还没个理想？的确如此，每个人都有过梦想，有的人成功实现了自己的梦想，而有的人的梦想却终究成为黄粱一梦。这其中有什么缘由呢？

有句话说得好，不能坚持梦想的人“常立志”，能坚持自己梦想的人“立长志”。而“立长志”的人顾名思义，他们坚持了自己的梦想，并且做到了为自己心中的梦想点赞。愚公移山的故事就是这样，想必大家都听过。

一个叫辛迪的美国家庭主妇，某一天突发奇想，要依靠自己的力量，在3年内购买一栋600多平方米的房子。对一个家庭主妇来说，这实在是一个不大可能实现的规划。

辛迪决定写一本畅销书，卖到100万本。她把这个点子告诉老公，却换来一顿嘲笑。

辛迪想：别人可以做到的事，我一定也做得到。她不断地告诉自己：我一定会成功，我的书在3年之内一定会卖到100万本，财富会大量涌来，所有的机遇之门都会为我打开。在这样的自我确认下，辛迪开始行动。

辛迪觉得自己这本书的市场在于女性。她发现女性的工作压力比较大，或者不被先生了解，她想给她们带来一些快乐，这样她们就会把书介绍给周围的朋友。辛迪觉得她的读者们通常会去超级市场、美容院等地方，所以专门打电话给超级市场的采购员以及美容院的老板。

她很直接地向别人推销自己的书："我是某某作家，我最近出了一本书，一定会成为畅销书。我相信这本书摆在你的超级市场，摆在你的服装店，摆在你的美容院，应该会帮你赚不少的钱。"她说，"我将寄一本样书给你，一个礼拜之后，我会再打电话给你。"

辛迪的厉害之处在于，她从来不问别人："你到底有没有兴趣购买？"而是直接就问："你要订购多少本？"

一个礼拜之后，她打电话问："我是辛迪，你看过我的书没有？你准备订购5000本还是10,000本？"

对方说："辛迪，你可能不了解，我们这个超级市场从来没有订过任何一本书超过2500本。"

辛迪说："过去等不等于未来？"

对方说："不等于。"

“所以总有一个开始，你准备订购5000本还是10,000本？”

对方说：“那……我订4000本好了。”

第一笔生意就这样成交了。

辛迪打电话问第二个人：“我是辛迪，你收到我的书没有？你即将订10,000本还是20,000本？”

对方说：“你的书很幽默，我和同事都很欣赏。但我们订书从来没有订过这么大的量，我订购4000本好了。”

辛迪说：“你简直在侮辱我，你才订购4000本？像你这么大的连锁店你订4000本？你不止侮辱我，还在侮辱你自己，难道连你都不相信你的连锁店卖得出去吗？”

对方吓了一跳，问：“一般人订购多少本？”

辛迪说：“10,000到20,000本。”

对方被她说服了：“那我订12,000本！”

之后，辛迪又卖书给军队。

对方告诉辛迪：“我们这里的人是不会有兴趣的，我们这里都是男人，你不可能在我们这个地方销售任何书。”

辛迪问：“请问你上司是谁？”

“不，我上司也不可能买！”辛迪不要听“No”，她要听的是“Yes”，她说：“把这本书交给你上司，我下个礼拜打电话找你上司，我不找你了。”

结果一个礼拜之后，对方打电话来说：“辛迪，我的上司说，我们决定订购4000本。”因为他的上司是女的，她想：“天天被男士兵这样整，我现在弄一本书来整你们。”

不管多少人对你说“No”，都不重要，重要的是找到下一个说“Yes”的人。这是辛迪得到的一个经验。

她的书从来没在任何一家书店卖过，完全是自己一个人在卖。依靠不屈不挠的信念和巧妙的推销手段，辛迪的书卖出了整整140万本！之后她又写了好几本书，都很畅销。到这个时候，辛迪要实现的愿望，已经不是买一栋大房子那么简单了。

人生百年如白驹过隙，一辈子能拥有几个梦想，为什么不趁着自己有了梦想去尽早拼搏，为了梦想全力以赴？？为什么不该为自己的梦想好好拼搏一回呢?

有这样一个故事：

查理·斯瓦布是一个小时候生活在宾夕法尼亚的山村里的孩子，那里的环境非常恶劣，而他也只受过几年教育而已。

初中时，有一次老师让全班同学写一篇题目为长大后的志愿的作文。

当天晚上，他洋洋洒洒写了7张纸，描述他的伟大志愿，那就是拥有一座属于自己的牧马农场，并且仔细画了一张200亩农场的设计图，上面标有马厩、跑道等的位置，然后在这一大片农场中央，还要建造一栋占地400平方英尺的巨宅。

这个小男孩花了好大心血才把报告完成，第二天交给了老师。两天后他拿回后，并没有得到很好的结果，在第一面上打了一个又红又大的F，旁边还写了一行字："下课后来见我。"

脑中充满幻想的他，下课后带了报告就去问老师："为什么给我不及格？"

老师回答道："你小小年纪，不要老做白日梦。你没钱，没家庭背景，什么都没有。盖座农场可是个花钱的大工程，你要花钱买地、花钱买纯种马匹、花钱照顾它们。"他接着又说："如果你重写一个比较不离谱的志愿，我会给你打一个你想要的分数。"

这男孩回家后，反复思量了好几次，又征求父亲的意见。父亲只是告诉他："儿子，这是非常重要的决定，这必须由你自己拿主意。"

经过再三考虑后，他还是决定原稿交回，一个字都不改，他告诉老师："即使拿个大红字，我也不会放弃这个梦想的。"

20多年后，这位老师带领他的30个学生来到那个曾被他指责的男孩的农场露营。离开之前，他对这个如今已是农场主的男孩说："说来也有些惭愧。曾在你读初中时，我泼过你冷水。这些年来，也对不少学生说过这样的话。幸亏你凭着自己的毅力坚持着自己的目标。"

一个有梦想的人，从孩提时代在内心深处激发出的梦想，并乐意坚持不懈为之付出代价，那么几乎没有什么事情是做不成的。无论你目前的地位多卑微，都别让世俗剥夺了你的远见，别让流言蜚语剥夺了你为了梦想去奋斗的动力。为自己的梦想全力以赴，早晚有一天，成功就会向你敞开怀抱。

在追逐梦想的路上，我们经常看到一些人经受了一些挫折和苦难就打起了退堂鼓，甚至从此梦想幻灭随波逐流，成为了庸庸碌碌的人，过着得过且过的生活，并且口中不停地念叨："没办法，我已经尽力而为了。"

但是让我们想一想，假如实现你的梦想是要付出巨大代价的，尽力而为可能获得真正的成功么?

有一个故事恰恰就说明了这一点：

一天，猎人带着猎狗去打猎。猎人一枪击中一只兔子的后腿，受伤的兔子开始拼命地奔跑。猎狗在猎人的指示下，飞奔去追赶兔子。可是追着追着，兔子跑不见了，猎狗只好悻悻地回到猎人身边，猎人开始骂猎狗了：“你真没用，连一只受伤的兔子都追不到！”猎狗听了很不服气地回道：“我尽力而为了呀！”再说兔子带伤跑回洞里，它的兄弟们都围过来惊讶地问它：“那只猎狗很凶呀！你又带了伤，怎么跑得过它的？”“它是尽力而为，我是全力以赴呀！它没追上我，最多挨一顿骂，而我若不全力地跑我就没命了呀！”

这则故事事实上只说明了一个道理：尽力而为是远远不够的，尤其是现在这个竞争激烈的年代。每当你拥有了新的梦想和创意的火花，说不定在地球的其他地方，正有其他人跟你拥有着相同的想法，并为之努力拼搏。因此，我们要问自己，你究竟是要当尽力而为的猎狗，还是当全力以赴的兔子呢？你是全力以赴还是尽力而为，我想大家心中已经有了明确的答案了。

穷困潦倒的年轻夫妇来到公园，坐在长椅上思考出路。因为付不起房租，他们被房东赶了出来。“今后该怎么办呢？”两人左思右想均无良策。

这时，从他们简陋的行李里忽然伸出一个小脑袋，那是他们平时最喜欢逗弄的一只小老鼠。想不到这只小东西竟跑进他们唯一的行李里面，跟着他们一起搬出了公寓。

小老鼠滑稽的面孔，迷人的眼睛，可爱的样子，逗得夫妻俩忘记了现实的烦恼。

太阳开始西下，夜幕即将降临。这时，年轻人忽然想到了一个前所未有的创意，他惊喜地嚷道："对啦，世界上像我们这样穷困潦倒的人一定很多，让这些可怜的人们，也看看米老鼠的可爱面孔吧！"

他的眼前出现一幕幕动人的奇景：小老鼠们为了填饱肚子辛勤劳动，为了战胜更大的敌人团结互助，它们甚至快活地跳舞，甜蜜地恋爱……

这位年轻的画家就是后来美国最负盛名的人物之一——才华横溢的沃尔特·迪斯尼。

穷困潦倒中的迪斯尼充分运用想象力，创造了活泼可爱的Mickey Mouse。自大、爱恶作剧又热心解决问题的米老鼠成了美国经济大萧条时期的精神象征。

1923年，迪斯尼和他的哥哥罗恩凑了3200美元重新创业，成立了"迪斯尼兄弟动画制作公司"，这就是今天迪斯尼娱乐帝国的真正开始。1929—1932年，有100多万美国儿童加入"米奇俱乐部"，在当年的经济大萧条中，给美国儿童带来了无穷快乐。

1934年，迪斯尼将童话故事《白雪公主》改编制作成动画电影。当时，几乎所有人都反对他，因为要花费50万美元，这在当时是一个天文数字！沃尔特坚定地聘请了300多位艺术家来帮他完成这项“不可能的任务”。1937年12月21日，《白雪公主》问世，给沃尔特带来的是一个家喻户晓的卡通人物和10倍的投资回报率。

迪斯尼不断挑战的劲头被很好地继承下来。1955年，迪斯尼把动画片所运用的色彩、刺激、魔幻等表现手法与游乐园的功能相结合，推出了世界上第一个现代意义上的主题公园——洛杉矶迪斯尼乐园。1971年，迪斯尼公司又在美国本土建成了占地130平方公里，由7个风格迥异的主题公园、6个高尔夫俱乐部和6个主题酒店组成的奥兰多迪斯尼世界。

1983年和1992年，迪斯尼以出卖专利等方式，分别在日本东京、法国巴黎建成了两个大型迪斯尼主题公园。至此，迪斯尼成为世界主题公园行业内巨无霸级跨国公司。

没人相信一个在公园里画老鼠的人最后能取得这

般巨大的成就。当然，这一切都成为现实，让我们看到了沃尔特·迪斯尼成功的伏笔，这一切都是被他的梦想驱动的，从而实现了不可能完成的奇迹。

伟大的文学家歌德曾经说过：“人生重要的事情就是确定一个伟大的梦想，并决心实现它。”因此，为了你心中的梦想去全力以赴吧，你的明天必定会更加精彩。

世界上唯一可以不劳而获的就是贫穷，唯一可以无中生有的是梦想。没有哪件事，不动手就可以实现。世界虽残酷，但只要你愿意走，总会有路；看不到美好，是因为你没有坚持走下去。人生贵在行动，迟疑不决时，不妨先迈出小小一步。不怕在自己的梦想里跌到，只怕在别人的奇迹中迷路。只做自己梦想的主人，不做别人奇迹的听众。

第二章

行动吧，定制自己的专属之路

也许我们的成功比别人晚，

财富比别人少，

但是我们所做的，

完全是因为自己适合做这件事，

因此我们的内心是充实和丰盈的，

并且是毫不犹豫地勇敢走下去。

清朝初期的著名学者、史学家万斯同参与编撰了我国重要史书《明史》。但万斯同小的时候也是一个顽皮的孩子。万斯同由于贪玩，在宾客们面前丢了面子，从而遭到了宾客们的批评。万斯同恼怒之下，掀翻了宾客们的桌子，被父亲关到了书屋里。万斯同从生气、厌恶读书，到闭门思过，并从《茶经》中受到启发，开始用心读书。转眼一年多过去了，万斯同在书屋中读了很多书，父亲原谅了儿子，而万斯同也明白了父亲的良苦用心。万斯同经过长期的勤学苦读，终于成为一位通晓历史遍览群书的著名学者，并参与了《明史》的编修工作。

一个人放对了地方就是人才，放错了地方就变成蠢材！面对生活的磨难与挑战，我们是否也曾迷失过自己？我们是否也曾怀疑过自己所走的路而左顾右盼？我们是否也曾停留于羡慕别人的成功与财富，从而忽视了自己的内心，庸庸碌碌？

张爱玲曾经说过："出名要趁早。"其实这句话是说要趁早找到自己该走的路。面对眼前的一切，不如让我们冷静地倾听自己内心的呼唤。我们之所以如此勇敢地走在属于自己的路上，是因为只有顺应了自己的内心，我们才能更容易去获得属于自己的那份成功。

也许我们的成功比别人晚，财富比别人少，但是我们所做的，完全是因为自己适合做这件事，因此我们的内心是充实和丰盈的，并且是毫不犹豫地勇敢走下去。

未来路上靠自己

我们的命运由我们的行动决定，而绝非完全由我们的出身决定。享有特权而无力量的人是废物，受过教育而无影响的人是一堆一文不值的垃圾。上帝为我们创造双脚，是要我们靠自己的双脚走路的。每个人都是他自己命运的设计者和建筑师，自己的人生自己把握，自己的路自己选。

参天大树虽没有翅膀，没有腿，但靠着自己的智慧与努力，结出果实，让飞禽鸟兽将自己带到了世界各地，实现了自己的梦想。人生亦是如此，要想成就辉煌的事业，拥抱幸福的明天，就必须先放飞美丽的梦想，再靠自己进行艰苦努力的奋斗。

幸福的未来之路上，始终伴随着梦想华丽的舞步。

梦想是催生动力的摇篮，没有梦想就没有巨大的推动力。空寂大漠，驼铃阵阵，因为跋涉的心渴望远方的绿洲；辽阔长天，雄鹰点点，因为飞翔的心渴望高端的的云层；苍茫大海，帆影憧憧，因为远航的心渴望彼岸的港口；三更灯火，书声琅琅，因为求知的心渴望未来的光环。正如大树，听了鸟兽们旅行的见闻，一颗环游世界的梦想的种子便根植于心。正是怀揣着那对梦想的渴望，才让人有了实现它的信心和决心。因为梦想会发光所以无论身处多么漆黑的角落，总有一束光，引领着我们前往，风雨兼程，在所不惜。

从前有一只猴子，每天在屋顶上跳舞，看的人们都被逗乐了，纷纷送食物当作犒劳。猴子很满足，它既得到了掌声又得到了食物。

驴子看见了很是羡慕，猴子那么简单就可以得到自己梦寐以求的，而现在的驴子只能通过为农夫辛勤劳作才得以填饱肚子。

于是驴子走到猴子面前问道："嘿，你怎么能那么轻松地得到那么多食物的呢？"

猴子只是淡淡地回了一句："我只是做了自己擅长的事，得到了应得的东西……"

驴子听得一知半解，以为是猴子不肯教它，驴子想啊，如果猴子教会了它，那岂不是和猴子抢生意了吗？于是乎驴子就决定偷偷地学猴子跳舞。

每次在猴子跳舞的时候驴子都在暗处偷观。渐渐地，驴子觉得自己已学有所成，它想自己去屋顶上跳舞了！

终于有一天，驴子上屋顶跳舞了，它很兴奋，以为自己也能和猴子一样了。然而驴子把屋顶的瓦片都踩碎了，发出了很大的响声，人们的目光很快投向屋顶，看见的人纷纷跑去告诉农夫，而驴子还浑然不觉。

农夫听见消息匆忙赶到，拿起棍子就把驴子赶下屋顶，然后狠狠地教训了驴子一顿。

驴子委屈地问农夫说："猴子都能在屋顶上跳舞，大家都看得那么开心，为什么我就不能呢？"农夫边打边骂道："你以为你是猴子吗！"

驴子又说："为什么只有猴子能这样而我不行，这不公平！"农夫又说道："你和猴子一样吗？这怎么比？又有何公平可言？"驴子被农夫的反问说得无言可对，只能黯然沉默……

事事总是这样，明确自己可以做到与否，越过了那条界线，或许就会成为别人的笑谈吧……

因此，无论在生活中还是工作中，找到属于自己的门槛，就要勇敢地走进去，如果你放弃了心中的目标，去活在别人规划的影子里，必然是换得别人无奈摇头的举动。

对于每个人来说，成功虽说是一个奇迹，但是这个奇迹其实并不是他凭着一腔热情努力拼搏而来的，他的成功其实仅仅是源于他的爱好，并且他将这个爱好变成他一生为之奋斗的事业。无独有偶，下面的一则故事也说明了这一点。

20世纪20年代，日本一个年轻人想开一家小电器公司，因为还差20块钱，公司迟迟无法开张。

于是，他向当时日本赫赫有名的三井财团借钱。“你打算借多少钱？”三井问。“20块！”年轻人答。那时候20块日元非常值钱。“那你打算怎么还我？”三井又问。“我一赚到钱，马上就还给您！”年轻人说。“笑话！每个人借钱时都是这么说的，可后来就没下文了。你走吧，这个钱我不能借！”三井语气坚定地说。

年轻人只得红着脸沮丧地退了出去。三井说完就去吃晚饭了，那时，刚好下着雨。吃完晚饭，三井到阳台上去欣赏雨景，却发现院子里站了一个人，他觉得奇怪，就问身边的管家：“是什么人站在那里？”

“就是刚才那个向你借钱的年轻人。”管家答。

“他站在雨地里干吗，他以为站在那里我就会借钱给他吗？真是幼稚！”三井说完，进屋喝茶去了。可当三井喝完茶再走到阳台上一看，发现那个年轻人还站在雨里。

三井就对管家说："去，把那个年轻人叫进来！"年轻人进来后，三井劈头就问："你是不是认为一直站在雨里，我就会把钱借给你呀？""我不敢这么想，反正我也没什么地方去，就只有站在这里了。至少死在你们家的院子里，还有点儿光荣！"年轻人不卑不亢地回答道。"这样看来，是不借不行了！说吧，你要借多少钱？冲着你刚才的那句话，我把钱借给你。"三井说。"我借20块。"年轻人答。"20块够吗？"三井又问。"20块你都不见得想借，我还敢说借50块吗？"年轻人回答道。

结果，三井最后借给年轻人50块钱。后来，这个年轻人靠着借来的50块钱，一直努力打拼，竟然把当初的那个小电器公司，发展成日本著名的跨国大公司——松下电器。这个年轻人，就是"松下电器"的创始人，被人称为"经营之神"的松下幸之助。

生命中，无论你迈进哪个大门，都是你自己的选择，并且不能用金钱、地位等这些简单的定义去衡量一个人的成功。关键在于自己走进了哪个门槛，走上了哪条道路。因此说，每个人的人生都是自己走过来的。用某一个标准苛求人生，或者克隆人生，只会作茧自缚。

人生短暂无比珍贵，尽量不要辜负人生，这样才不至于迷失了自己，更迷失了真实的自己，迷失了一切的快乐。

史蒂夫·乔布斯说过："你的时间是有限的，所以不要浪费时间活在别人的生命中。"

面对青春的梦想，其实我们一定要坚持自己的立场，去追逐自己的梦想。世界上有哪一个有所作为、有所成就的人是这样生活的，是放弃了独立行事的权利，接受了别人的摆布而取得了成功的？

"80后"代表作家韩寒，是一个突出的例子。韩寒是中国职业拉力赛及场地赛车手、作家，《独唱团》杂志主编，并涉足音乐创作。很多人愿意称呼他为"80后"的领军人物，因为他是"80后"名气最大的一位，也是"80后"出道最早的代表人物。

高中的时候，韩寒被迫退学。但是由于他的文学天赋，复旦大学破格录取韩寒，但是在外人的叹息声中，他拒绝了，他有他自己的路。同样有着长跑天赋的韩寒也没有选择长跑，而是选择了赛车这个梦想。他的这些举措都让人大跌眼镜。其实，了解了韩寒，也就不会为他的选择而惊诧了。

正是因为韩寒了解了自己心中的梦想，才会毅然决然地做出这样的决定。在现在的中国，大多数人认为上大学才是正道，只追求成绩好，别的都靠边站。而韩寒却反其道而行之，毅然退学，追逐心中的梦想，从事自己喜欢的写作、赛车。

拿韩寒的例子来说，一个人应当争做自己感兴趣、有爱好的工作，趁着自己年轻，去实现心中的梦想。即使你的梦想与众不同又怎样？只能说明你是个比别人更有想法和创意的人！

古今中外，取得重大成就的人多半是坚持了自己与众不同的想法才被人载入史册的。曹雪芹是为了表达自己的生活感受而写作《红楼梦》，爱因斯坦是为了满足自己的好奇心才创立了相对论。这些人都不是为了服从世俗的意志，寻求别人的赞许才去呕心沥血、孜孜以求的。假如不是独立自主、宠辱不惊，假如不是自我评定，曹雪芹、爱因斯坦、贝多芬、鲁迅这些伟大人物是不可能出现的。

一个上大学的年轻人，有一天他忽然发现，当时大学的教育制度存在许多弊端，便马上向校长提出。但是，他的意见并没有被学校接受，于是，他决定自己办一所大学。这样，他就可以按照自己的意愿消除这些弊端，让教育体制更适合学生们的发展了。

话说起来简单，然而办学校至少需要100万美元，上哪儿去找这么多钱呢？等这位年轻人毕业后去挣，那太遥远了。

于是，这位年轻人每天都在寝室内苦思冥想如何能有100万美元。同学们都认为他有神经病，做梦天上掉下钱来。但年轻人不这样认为，他坚信自己可以筹到这笔钱。

终于有一天，他想到了一个办法。他打电话到报社，说他准备筹备一个演讲会，题目叫《如果我有100万美元怎么办》，想让报社给予支持。报社虽然觉得这个想法有点儿异想天开，但他们还是决定在报纸上给这位有创意的年轻人以支持。

在一切准备就绪之后，演讲会如期举行了，他的这一演讲创意吸引了许多商界人士的参与。面对台下诸多成功人士，年轻人在台上全心全意、发自内心地说出了自己的构想。

演讲结束以后，一位叫菲立普·亚默的商人站了起来，说："年轻人，你讲得很好。我决定赞助你100万，就照你说的去做。"

就这样，年轻人用这笔钱办了亚默理工学院，也就是现在著名的伊利诺理工学院的前身。而这个年轻人就是后来备受人们爱戴的哲学家、教育家冈索勒斯。

年轻时候的冈索勒斯坚定信念，积极地思考解决办法，并没有因为别人的讥讽、资金的缺乏而放弃自己的梦想，最终，他获得了人生的成功。

这个故事其实只是为了说明一个问题：如果你想走的道路注定与众不同，那就更应该坚持去为自己的梦想而努力。有了梦想又怕什么被人嘲笑呢？当你成功之时想必那些曾经风言风语的人都将自惭形秽，向你投来由衷的赞许。

伟大的意大利诗人但丁说过这样的一句话："走自己的路，让别人说去吧。"意思就是自己认定了方向，便下定决心走自己的路，别人说什么是别人的事。在我们的人生道路上，必然会遇到各种各样的选择，其中不乏对自己人生道路的选择，这个时候我们要慎重了，自己选择什么样的道路，虽然不能说和别人一点关系都没有，但是绝对不能够让别人左右我们的选择，因为我们的人生道路是要靠自己走的，最了解自己的人是自己，而且只有自己才清楚自己真正想要的是什么。一旦坚定了自己的选择，就无怨无悔地走下去，实现自己心中的梦想。

因此，我们不妨停下自己匆匆的脚步，审视自己走过的路，是否合乎我们自己的心意，只有在内心的呼唤下，我们才能真正地找到自己，找到方向，冲破重重阴霾，找到自己通向成功的路。只有这样，我们才能昂起我们的头，挺起我们的胸膛，一步一个脚印地勇敢地靠近自己的目标。

人生的路，悲喜都是自己的；生活的苦，累与不累都得自己受。脚下的路，没人替你决定方向。心中的伤，没人替你擦去泪光。生活多的是刁难，学会一个人坚强是你要掌握的本领。把懒惰放一边，把丧气的话收一收，把积极性提一提，把矫情的心放一放，所有想要的，都得靠自己的努力才能得到。

坚持自我，做自己的粉丝

每个人性格中都有无法让人喜欢的部分。很多时候我们觉得累，都是因为活在别人的评价里。也别怪别人不理解你，这世界上从来没有感同身受，只有冷暖自知。对自己好一点，别再用别人的评价否定自己。你没有义务成为每个人都喜欢的样子，同样，也没有权利要求别人对你五星好评。要知道，活着不是为了去取悦这个世界，而是为了用你自己的生活方式来取悦自己。

康德说："世界上有两样东西让人不断探寻，其一是头顶璀璨的星空，其一是心中的道德律令。"

一个人的底线便是他心中的道德律令。纷繁的世界，芸芸众生，各有各的姿态，或高或低，每个人都有自己的眼光，看到的世界不尽相同，但每个人都应有自己的坚守。

回眸历史的长河，让我们的心为之一动的是那些始终不放弃自己坚守的人们。

陶渊明是一个隐士，无数后人仰慕他的傲骨，也向往他那归园田居的怡然自得。不为五斗米折腰，这是他的底线。官场的污浊让他窒息，也许可以同其他为官者一样，选择低眉顺眼，选择随声附和，但这一切都和陶渊明的理想相去甚远。“归去来兮，田园将芜胡不归，既自以心为形役，奚惆怅而独悲？”时至今日，我甚至仍能从他的吟诵中感到一种莫名的轻松、欣喜，他在坚守着。

屈原，一位江边的吟游诗人，用他的一生苦苦追寻着他的理想。总有人不理解，也总有人追问，正如那个江边的渔父。“世人皆浊，何不淈其泥而扬其波？”但屈原毅然选择了坚守，“举世皆浊我独清，众人皆醉我独醒。”当自己的理想和现实强烈冲突时，他没有悔恨自己的坚守，徐徐走向江中。他的悲剧被人们诉说，他的坚守也划破天空，成为星宿中明亮的一颗。换个思路想想，如果自己愿意保持自己的本色，无论怎样，你终究会拥有属于自己的粉丝，哪怕自己的粉丝只有自己，这也是坚持自我、保持本色的体现。

保持本色的人是智者，坚持自我的人是英雄。保持本色，是永远地朝前看而不左顾右盼；保持本色，给自己的心中升起个太阳，让自己充满信心地去迎接挑战；保持本色，是坦然地面对世界，走出一条适合自己的独特的人生之路！保持自己的本色，做自己最忠实的粉丝，朝自己的真实想法去做，不盲目追赶别人的脚步，我们要坚信，自己也可以引领潮流。

为什么说做别人的粉丝，永远也追不上潮流呢？一味地模仿别人，一味地遮掩或抑制自己的本色，其实是在毁灭自己。保持了自己的本色，就会更加喜欢自己。在某种程度上说，自己喜欢自己的程度等同于自我价值的水准。

做自己的粉丝是自我认同的体现，是每个人都应该具备的生活态度。如果你觉得自己是优秀的，那么你在某方面就是优秀的；如果你认为自己是富有的，那么你在某方面就是富有的。因为喜欢不是别人可以强加给你的，也是没办法量化的，它是自己内心的一种感觉，只有你自己才能给予你自己。只有喜欢自己，才会自我暗示，自己是有能力的、有实力的、有信心的，才会有勇气面对严峻的现实；只有喜欢自己，才会设立自我理想，注重自我形象，实现自我价值，从而形成积极的、正面的自我观念；只有喜欢自己，才会爱自己，从而觉得活着是有意义的，哪怕是一件小小的事情，对自己的生命也是有意义的，才能够实现自己的人生价值。

一个人喜欢自己的程度越高，其境界也就越高，树立的目标也越高。所以我们不能逃避自己、厌恶自己，而是要感谢生命为你带来的一切，保持自我本色，欣赏自己、挑战自己。

但在现实生活中，却有许多人，由于胆小、害怕等种种原因扮演着一个连他们自己都不认识的陌生人。这些人过着自己不喜欢的生活，每天戴着面具生活，忙的时候就像陀螺，一旦停下来，就会觉得空虚，不知道自己的生活目的是什么。他们是一群丢失自我，为别人而活的人。对于这样的人而言，生活就像在演戏，累人累己，从来没有幸福和快乐。

要想保持自己的本色，必须正确地认识自己、了解自己，尊重自己的感受，信任自己的能力，喜欢并爱护自己。可能你没有漂亮的外表，没有特殊的才能，没有显赫的背景，但你应该明白，你要做的不是别人，而是要做真正的自己，别怕与他人不一样，也不用看他人的眼神去生活。你的人生使命不是模仿别人，你要成为独一无二的自己。每个人都有自己的独特之处，你必须发现自己的特点和优势，然后利用它们，找到适合自己的前进方向，寻求自我的突破。事实上，保持本色的人，是一个有勇气的人，是一个勇敢的人，这样的人才会受到大家的喜爱。

因为在这个世界上，每个人都有自己的特点，没有必要去苛求所有的人都按一种模式发展。假如说每个人都要去模仿自己心中的偶像，那么，这个世界还有什么意义和乐趣可言呢？

太阳是因为敢于保持本色，才不会因为乌云的遮挡而失去自己的光芒；河流是因为敢于保持本色，才不会因道路的曲折而偏离大海的方向；我们也只有敢于保持自我本色，才不会因为大千世界中形形色色的变化而迷失自我。

自然界中正因为有了很多的不同，才有了大千世界的美丽，才有了宇宙的神秘。人也是一样，只有每个人都有自己的特长，并充分地发挥出来，才会有社会的多姿多彩。所以我们不能小看自己。也许你的物质生活没有他人好，或许你的开心、你的快乐正是很多富人所羡慕的。坚持自我、保持本色才是最重要的，有了这些，总有一天，你会收获自己的幸福，获得属于自己的成功。

有些人总喜欢跟着他人的脚步行走：别人找什么样的工作，获得了一些成绩，他就跟着别人去学；别人干什么样的事业，他就认为这一定很有前途，就去学别人。殊不知，别人的特点和优势与自己是不同的，别人都成功不一定适合自己，只有开发属于自己的能力，开拓适合自己的道路，才可能成功！

著名成功学大师卡耐基告诉我们：“一般人的心智能力使用率不超过10%，大部分人不太了解自己还有什么才能。一个人最糟糕的是不能成为自己，并且在身体与心灵中保持自我。”人只有依靠自己才能帮助自己，成就自我。只有耕种自己的田地才能收获自家的成果。上天赋予你的能力是独一无二的，只有当你自己努力尝试和运用时，才会知道这份能力到底有多么大的威力。

假如你不能成为山巅上的一棵参天的大树，那就做一棵山谷的灌木吧，但要做一棵长得最茂密的灌木；假如你不能成为灌木，那就做一棵小草吧，但要做一棵最有生命力的小草。这就是做人快乐的原则。虽然你是一个平凡的人，但作为一个平凡人也要敢于坚持自我，保持本色。假如你只知一味地附和或是模仿他人，那么，你就会失去人生的意义。

有这样一个寓言故事，说很久以前，有一头驴子生活在一望无际的原野上。在这片广袤的原野上，还生活着一群无忧无虑的牛，这头驴子非常羡慕牛温驯善良的性情、和和睦睦地相互关照的温情，也喜欢它们一起随遇而安、悠闲自得地吃草的快乐。很久以来，它一直渴望能像牛那样悠然沉稳地咀嚼柔嫩的青草，慢条斯理地啜饮甘美的泉水，自由自在地安静生活。于是，驴子下定决心仿效牛的生活方式及行为举止。

于是这头驴子总是跟着它们，它们到哪，这头驴子就跟到哪。这群牛总是选择柔软细嫩的青草进食，饮用清凉甜美的泉水解渴。它们洁身自好，悠然自得地生活在蓝天白云之下的青草中、碧水边。于是牛群越来越兴旺。

有一天，这头驴子又跟着牛群迁徙到了一处水草肥美、风和日丽的地方，它找了一个机会混夹在牛群中，左顾右盼，前跑后颠，那些牛也都很礼貌地对待它，没有赶它走，并对它谦让有加。于是驴子心中便得意起来，趾高气扬地跟在牛屁股后面，仿佛自己真的成了“牛族”中的一员。

但是，驴子就是驴子，无论如何也改变不了驴子的本性而变成一头牛。它根本不可能像牛那样安详沉静地吃草，总是禁不住用蹄子前蹬后刨，把青草踏烂，把泥土翻起来，好端端的草地没多久就被它践踏得不成样子。然后，它又极不安分地跑到水中去饮水，将清清的河水搅成了泥汤。接着，驴子又模仿牛的叫声。可是，不管它怎样玩命地叫“我是牛！我也是牛！”，却依然改变不了驴子那世人皆知的嚎叫的声音。

最后，这群温良谦让的牛再也无法忍受这头不自知的驴子的行为，它的各种行为已经破坏了它们原有的生活秩序。于是，群牛起而攻之，将它赶了出去。

其实，我们好多人也会不自知，不能保持真实的自己，但每位成功者，每位伟人，都是与众不同的。他们不是因为伪装才获得了成功，也不是因为模仿而变得伟大，而是他们总是以自己的方式去做事，以自己的本色去面对世界，才赢得了别人的尊重和支持。而一个人最大的失败和悲哀就是失去了自己的本色，失去了自己。

一位作家说：“我们此生不一定要成大名，立大功。可是，我们一定要明白自己的梦想，并把它具体起来，使它成为可能。然后去追求它，去实现它。”其实，人人都想保持自己的本色，但绝大多数人却没有勇气迈出这一步。

戴尔·卡耐基曾说：“我无法写出能与莎士比亚相媲美的书，但我可以写出一本完全由我自己写成的书，我要做我自己。”保持自己的本色就是以真实的自己面对世界，轻松而坦然，不做作，不为难自己。不要以别人的标准来打造自己，自己的道路要由自己去开创，要有自己的标准。如果能够按照自己的本性生活，你的人生才会更加独特、精彩。因为生命的意义在于创新，人生最重要的欢乐在于创造的欢乐。首先必须和别人干的不一样，然后才能比别人干得好；首先必须为这个世界带来一些新的东西，然后才能实现自己的成功和自由。

你就是你，不是别人；你不需要成为别人，你也不可能成为别人。无论你想在哪一个领域中获得自由与成功，你都必须保持自己的本色，培养属于自己的风格。

也许有人会说，我们也想保持自我本色啊，可是在现实生活的种种压力下，保持自我本色并不是轻而易举的事情，有时会遇到各种阻力。比如，在你的生活和工作中，总有一些人会对你与众不同的特殊性看不惯，他们可能会劝告你，也可能会指责你，甚至还会打击你，这时，我们该怎么办呢？遇到这种情况，我们可以这样去面对这些阻力：在无关紧要或不重要的地方，你不妨从众，不妨做出一些妥协和让步，以减少那些不必要的麻烦；而在决定成败、决定前途和命运的关键时刻，务必像雄狮和苍鹰那样独立，坚持自己的独特性，高扬自己的特殊性，决不为任何外在的压力所折服。

当陈胜与其他穷人耕作于田垄，说到“苟富贵，无相忘”时，其他人蔑视地说：“我们只是为别人做工的奴隶，温饱问题尚未解决，何来富贵。”他则说：“燕雀安知鸿鹄之志哉！”当时，陈胜只是一个贫苦农民，他的才智、地位都无法和当时的诸侯相比，但他却发起了中国历史上第一次农民大起义，让普通百姓有了可以通过自己改变自己命运的觉醒。假如陈胜当时不坚持自己的想法，而是受其他人的影响，认为自己只是一个地位低下的奴隶，就不可能有什么大的作为，那么，中国历史上第一个发动农民起义的人就不是他了。

当年，惠特曼要发表《草叶集》时，爱因斯坦曾给了他一些建议，建议他将一部分诗删去，但经过思考，惠特曼认为那些内容没有必要删，就坚持了自己的看法。《草叶集》发表后获得了巨大的成功，惠特曼也被奉为第一位真正的美国诗人。假如惠特曼不敢坚持自己的意见，或许他就不会成功。

我们来到这个世界上，不是为他人而活的，保持我们的本色才是我们自己的人生。不要被眼前的利益所羁绊，不必为今后的生活而苦恼，也不需要衡量自己所做的事情是不是别人眼中具有前途的事，只要你自己喜欢就好。委曲求全的生活会让你痛苦一生，而保持自己的本色生活，即使很短，也会让你感到很快乐。

我们每个人都有自己的优点和长处，也有自己的弱点和短处，有时候我们的弱点其实也是我们的潜在优势。如果我们把自己的特点隐藏起来，去追求别人眼中的“完美”形象，反倒会失去自己的特殊优势，变得普通、平凡，甚至暗淡无光。

著名的心理学家威廉·詹姆斯曾说：“一般人都喜欢模仿别人而不是发扬自己，却不知，一个人的最大成就是开发和利用自身的潜能来成就自己，只有以自己的特色去与别人竞争才有可能更快地获得成功。”很多时候，发扬自己的长处比伪装自己的短处更为重要，当你的长处非常耀眼的时候，你的短处自然就会被人们所忽视。此时，如果你再进行自我完善，你就会变得更加优秀。

有时我们太在意耳边的声音，决策优柔寡断，行动畏首畏尾，最终累了心灵，困了精神。就算你做得再好，也会有人指指点点；即便你一塌糊涂，亦能听到赞歌。不必纠结于外界的评判，不必掉进他人的眼神，不必为了讨好这个世界而扭曲了自己。能够拯救你的，只能是你自己。

选择自己擅长的事物，成功才能事半功倍

能够在这个世界上独领风骚的人，必定是专心致志于一事的人。伟大的人从不把精力浪费在自我不擅长的领域中，也不愚蠢地分散自我的专长。其实，这个伟大的秘密一直摆在你的眼前，只是你的眼睛看不到它。

特长就像一盏明灯，为梦想照亮前进的方向，使你坚实地迈向成功。比尔·盖茨曾经说过："我之所以能够取得今天的成就，与我从小就喜欢电脑是分不开的。回想起来，我不过是选择了自己喜欢的事，爱做的事。"

开始没有设想，结果不堪设想；有打算须多盘算，不失算才最合算。上帝给每个人同样的时间，只有事半功倍的人才能有过人的成就，也只有知道计划的人，才能事半而功倍。怎样为之？送你几句良言：过虑少虑无善虑，多谋慎谋有良谋；权衡知

利害，运筹见得失；行欲早人一步，谋须高人一筹；要有十分把握，须作十二分准备；第一步踏实，第二步扎实。

在英国小镇施鲁斯伯里，有这样一个小男孩。上学的时候，他的功课差极了，老师说他的智力有问题。男孩总是沉默寡言，一副忧郁的样子。他总是一个人坐在屋前的花园里看着花草小虫很长时间，对别的事情一点儿也提不起精神来。指望他继承家业的父亲对此大失所望："除了打猎、养狗、捉老鼠以外，你什么都不关心，这样下去，将来你会让自己蒙羞，也会有辱家门的。"

就连姐姐也看不起这个行为怪异的弟弟。事实上，除了母亲，在家庭里他不受任何人的欢迎。

他的母亲很爱他。她只是想：如果孩子连那些兴趣都没有，不知道他的生活还会有什么色彩。

"你这样对他不公平，让他慢慢学会改变吧。"她这样宽慰自己的丈夫。

"你这不是教育，你会毁了他的一生。"父亲显然对他的"不成器"焦急万分。

但母亲坚持自己的想法，她不愿强迫他，他还是个孩子，需要她的安慰和鼓励。有一天，她带着他到花园中去玩，还让他的姐姐同去。她蒙上姐弟俩的眼睛，然后分别把一种漂亮的花放在他们手中："孩子们，现在你们来一次比赛吧，看谁从花瓣上先认出这是什么花。"

结果，男孩轻而易举说出了花的名字，而姐姐过了很久依然认不出来。于是，母亲就吻了他一下。对他来说，这是多么欢欣鼓舞的一件事啊！他回答出了连姐姐都无法回答的问题。

从此，男孩开始整天研究花园里的植物和小动物，甚至连每种蝴蝶翅膀上有几个斑点都不放过。

他的父亲认为妻子的做法不可理喻。在他看来，这种怜爱是盲目而无助的，除了暂时麻醉一下孩子之外，根本毫无意义。不过，他可能做梦都没有想到，这个醉心于花草的儿子，多年后竟成了那个时代杰出的生物学家，并且发表了著名的"进化论"。

他就是查理·达尔文。做自己喜欢做的事，做自己最想做的事，这就是成功的全部秘诀。有句话说：择我所爱，爱我所择。只有做自己喜欢的事情，我们才能发自内心地投入热情，才能不惜代价，不计回报，把它做得出色。

大凡成功的人都是靠着自己的特长，才获得了在这个社会上生存的一张"执照"。能够清晰地认识和发挥自己的特长，自然也就有了竞争的资本，成功的可能。请问：刘谦的特长是什么？魔术。周杰伦的特长是什么？唱歌。孙红雷的特长是什么？演戏。对。这就是特长能够让你成功的魅力。

所以，特长不仅可以让你快速地实现梦想，而且也可以让你心无旁骛、幸福地享受奋斗过程中的每一个精彩瞬间。

而在现实中，往往很多人分不清楚自己的兴趣与特长。这也是人们经常做错梦的原因，等梦醒来时才发现这不是自己的专长。错把自己的兴趣当成特长来培养，造成了职业选择的错位，以至于耽误了自己的大好时光。

兴趣和特长的最大区别就是兴趣具有浓厚的生活色彩，而特长是可以用来谋生的一种职业技能。但兴趣和特长之间又有联系，它们有时会形成交集。也就是说，某个人对某件事情感兴趣，同时也是自己的特长。

比如，某个人的兴趣是写作，如果有意识地通过慢慢培养将有可能发展为自己的特长。但这种既是兴趣又是特长的毕竟属于少数，大部分是兴趣与特长不一致的。很多人都是在工作中形成的自己的某一种特长，但不一定是自己的兴趣，只是时间久了靠积累的经验而发展为特长的。这也就是人们常说的“干一行爱一行”。

那么，如何才能看清自己的兴趣和特长呢？古人云：“知人者智，自知者明。”认清自己的兴趣并不难，因为你平时喜欢什么爱好什么，只要是积极健康的，一想就明白。关键是特长，要认真审视自己的兴趣是不是可以发展为特长，这种兴趣有没有职业前途。首先要对自己发问两个问题：一是我想做什么；二是我能做什么。当明白了这两个问题，自然也就清楚了自己的特长方向。

世界首富比尔·盖茨曾经说过这么一句话："知道自己究竟想做什么、知道自己究竟能做什么是成功的两大关键。"

所以，认清自己，找出自己的特长，始终如一地坚持下去，成功也就没有想象中的那么难了，生活也就不会有那么多的苦闷和迷茫了。如果你的特长正好又是你的兴趣爱好，那你就是这个社会上最幸福的人。

"80后"草根新生代明星代表小沈阳，因为春晚而一炮走红。他的成功就是把特长和兴趣叠在了一起，让自己的能量得到了充分的释放，使自己的生命完成了一次华丽的转身。

小沈阳的原名叫沈鹤，出生在开原市的一个贫苦农民家庭。艰苦的家庭条件并没有阻挡他对艺术的向往，对二人转的热爱。

但是，高中毕业之后，他一度陷入了迷茫，接下来的人生路将何去何从？是在家种地还是外出打工？如果外出打工做什么？经过老师的指点和自己的认真分析，小沈阳觉得自己是那么喜欢文艺那么喜欢二人转，并且有那么多的二人转演员都能够获得成功。为什么我不能呢？于是，他决定进入铁岭县艺术团学习二人转表演。

在铁岭县艺术团，经过老师系统的培训和指导，再加上自身的不断努力，使他的特长得到了质的飞跃，并为他以后进入春晚打下了坚实的基础。特别是在田间地头与观众面对面的交流，使他深刻地感受到老百姓对二人转的喜爱，以及对自己的认可，这也更坚定了他将二人转艺术作为自己一生追求的信心。

小沈阳深刻地认识到二人转将是他实现梦想的一盏明灯，那么只有提高自己的技艺才能为成功加重砝码。所以，琢磨台词、揣摩表演形式几乎天天都让他进入痴迷状态。经过几年的演出，他终于得到了全国观众的认可。

小沈阳之所以能够成功，除了机遇和勤奋以外，还有就是他能够清楚地认识到自己的兴趣和特长之间的关系。他不仅喜欢二人转，还从小就痴迷于变形金刚和动画片等，那他为什么选择二人转，而没有选择去做动画片呢？就是因为他认为二人转这个行业有职业发展前途，并且自己能够把这个兴趣发展成为自己的特长。

人的兴趣爱好可以很广泛，但特长只需一个就够了。我的爱好就很多，比如书法、美术、写作、围棋等，而我最终在职业选择上并没有走美术这条路，这可是我的酷爱啊。为什么我选择了写作？因为从出版行业来说，这是一个朝阳产业，有很大的发展空间，并且创业起步的门槛很低；从我自身的角度来说，虽然美术是我的第一爱好，但是要发展成为我的特长不仅我的基础差，而且这个行业进入的门槛也很高，我很难有成长的机会。所以，现在我只能把美术作为业余爱好，而写作通过我的努力是可以提高并能达到这个行业要求的。这就是我经过认真的剖析才走的写作这条路，后来事实证明也是对的。

人不管从事哪种行业都会有成功的可能，只要找出自己的特长坚持走下去。行行出状元嘛。关键是要结合自身条件以及善于发现自己身上的特长，才会知道哪些梦可以做，哪些梦不能做。

在辽宁省的一个农村，有个小姑娘叫吴桂花。她也许是天生脑子笨，从上小学就经常考试不及格，坚持到初中就自动退学了。

一天，孩子的舅舅从城里来，知道了桂花的情况，就把桂花带到他开的饭店去当服务员。那一年，桂花才15岁。几个月后的一天，舅舅来到一个雅间，看到桌子上摆着一小盘雕花，是用苹果雕的，玲珑剔透，让人百看不厌。舅舅端详欣赏着，赞不绝口，问道：”是谁雕的？”

桂花说：“是我。”舅舅一脸疑惑地看着她：“真的？”桂花马上拿出一个苹果，当场雕了起来。她的刀法非常娴熟，只用了几分钟，一只雕花苹果便做成了。舅舅特别激动：“真没想到，你还有这个特长。”

桂花说：“我家有个苹果园，我放学没事就到苹果园去。地上苹果多，我就拿一把小刀削着吃。吃不了，就削着玩，渐渐地就开始雕刻。都七八年了。”

“太好了，这回你有用武之地了。”舅舅说。

从此以后，饭店宴席上，只要摆上吴桂花雕的龙凤鲜花，就会使席面增辉，令顾客称赞不已。有时客人要求见见雕花人，当他们看到站在面前的是个十五六岁的小姑娘时，都惊诧不已。客人兴致高时，还要求吴桂花当场献艺。

吴桂花17岁那年，参加了在美国举行的世界宴会雕花大奖赛，一举夺魁。当桂花走下领奖台时，记者们争着问道：“你的天才是怎么发展起来的？”

吴桂花回答说：“我不是天才，我是一个笨女孩。老天只给我苹果，别的什么都没有了。”

是啊！老天只给了她苹果，但这并没有影响她创造生命的辉煌。特长就像人生的一把雕刻刀，可以雕出芬芳而璀璨的人生。

选择自己擅长的事情去做，这已经是当今求职者在职场打拼的不二法则。

德鲁克曾经说过："在管理员工和工作时，最重要的任务之一是把安排员工职务视为持续性且系统化的努力。"一般来说，企业在选拔人才时注重应聘者"能做"什么和将要做什么，易忽视应聘者"愿意做"什么。"能做"什么是应聘者的知识和技能决定的，而"愿做"的因素包括价值观、动机、兴趣和其他个性特征。这就需要用人单位依靠面试的技巧来观察和判断人才的价值取向：他是看重收入待遇？社会地位？职位的安稳？自我价值的实现？如果应聘者的价值观在以后的工作中没有得到充分体现，他的积极性就不能充分发挥，甚至起到消极作用。

充分发挥员工的长处和才智，是时代的要求。每个人都有长处，对待员工不能求全责备，应扬长避短，为员工发挥长处创造条件。楚汉相争时期，刘邦手下有韩信、萧何、张良等人才，刘邦可谓用其所长。在长期的实践中，刘邦发现韩信是将才，用兵打仗，无人能比；而萧何心细缜密，行为谨慎小心；张良则足智多谋，是运筹帷幄的谋士。在以后的征战中，刘邦果断地将用兵之权交给韩信，把粮草后备运输交给萧何，而张良则理所当然地成了重要的谋士。在海信的员工考核上，卢夏青部长打了一个形象的比喻，她说"每个人都有缺点和优点，而且优点突出的人常常缺点也很突出，尽管你想聘用的只是某个人的一只手，但你却不得不聘用他整个人”。由此可见，对于员工，即使毛病很多，也要先看长处，充分利用其才干。同时不可忽视“偏才”，要将他们安排到合适的工作岗位上，要懂得扬长避短，要善于通过考评来激发员工的优点，通过运作机制来削弱员工的缺点，使负资产变成巨额的利润。

在一次全球500强经理人员大会上，杰克·韦尔奇与同行进行了一次精彩的对话交流。有人说：请您用一句话来概括自己的领导艺术。他回答：“让合适的人做合适的工作。”从中足以看到通用公司的用人之道。

俗话说“虎落平阳被犬欺，龙游浅滩遭虾戏”，不是它们无能，而是因为处在不合适的环境。大千世界，没有两片相同的树叶，不同的人适合不同的工作，最好的不一定是最合适的，最合适的才是最好的。作为企业人力资源管理者应该转变观念，善于运用新的管理理念和工具，把握员工的差异化，根据每个员工的气质类型、行为风格、兴趣爱好和才智特长，量才而用，让工作安排尽可能既符合员工个人内心的需要，也符合企业发展的需要，让合适的人去做合适的事情，只有这样才能大大提高组织的效能，才能使企业取得良好的业绩，同时也使每个员工都能绽放出自身绚丽的光彩。

“认识你自己”这句刻在德尔菲的阿波罗神庙的箴言告诉人们，一定要正确地看待自己。认识自己的特长才能更容易让自己在激烈的社会竞争中崭露头角，从而支撑起自己的梦想。

或许我们出身卑微，或许我们的生活条件很差，或许我们没别人聪明，但请不要轻易放弃，发现你感兴趣的，找出你所擅长的，然后认真地去做它，达到炉火纯青的地步，到那时，你就是一个成功者。俗话说：不求门门通，但求一门精。我们可以根据自己的能力开创自己的“罗马路”。

充满自信，敢于坚持走自己的路

保持尊严与人格，让自信在你身上扎根。许多人缺少的不是美，而是自信的气质，记住：自信本身就是一种美。有了积极的心态就容易成功。世界上许多困难的事情都是由那些自信心十足的人完成的。如果你有了强大的自信，成功离你就近了。

美国心理励志大师卡耐基先生多次讲到过这样一个故事：

在很多年以前，我所办的成人教育班和示范教学会中，多了一个从纽约《太阳报》来的记者。他毫不给我留情面，不断攻击我的工作和我。我当时真是气坏了，认为这是对我极大的侮辱，不能容忍。我马上打电话给《太阳报》执行委员会的主席古斯季塔雅，特别要求他刊登一篇文章，以说明事实真相，而不能这样嘲弄我。我当时下决心要让犯错的人受到应得的处罚。现在我时常为我当时的举动感到惭愧。我现在才了解，买那份报的人大概有一半人不会看到那篇文章，看到的人里面又有一半会把它只当作一件微不足道的事情来看；而真正注意到这篇文章的人里面，又有一半在几个礼拜后就把这件事忘得一干二净。

卡耐基由此得出一个重要的结论：虽然你不能阻止别人对你做任何不公正的批评，但你可以做一件重要的事，你可以决定是否要让自己受到那些不公正批评的干扰。

一百多年前，美国费城有位博学的牧师，名叫拉塞尔·康韦尔。他曾为创办一所服务于贫穷学生的大学所需的150万美元奔波了5年，但收效甚微。后来他在受到一个偶然的启发后，意识到应当从自身的内部潜能挖掘开始，发挥自己的优势，满足他人的需要。在满足他人需要的同时，也满足自己建一所大学的愿望。

在经过理智的分析、论证后，他决定利用自己做牧师的有利条件，发挥自己所拥有的知识才能，撰写演讲稿，引导和满足人们向善的心理需要，通过举办演讲，用演讲赚到的钱，实现筹建大学的愿望。

康韦尔经过周密思索，选取了一个新颖角度，来阐发他的演讲主题。他在演讲中讲了这样一个故事：

有个农夫拥有一块土地，靠着辛勤耕作，日子过得很不错。后来他听说，如果在一亩地下面有金子的话，那只要抓一把就可以富得难以想象。于是农夫把自己的地卖了，离家出走，四处寻找有金子的地方。他走向遥远的异国他乡，但最终未能发现有金子的宝地。就这样，一晃15年过去了，最后他囊袋空空，一贫如洗。一天晚上，他在异国他乡绝望地自杀了。

过不了多久，那个买下农夫这块地的人，在耕种土地时，意外地发现了埋在地下的金子。后来就在这块土地下面发现了一座金矿。

这个故事，非常发人深省，财富只属于自己去发掘的人，财富只属于依靠自己土地的人，财富只属于相信自己能力的人。

康韦尔带着他这个故事，从自身做起，演讲了7年。7年中，他赚的钱大大超出他建一所大学所需的数目。

今天，这所大学矗立在宾夕法尼亚的费城。这就是著名的学府坦普尔大学。

因此，人生的财富获得往往出乎我们的意料，但是坚持走自己的路却是通往成功的唯一道路，只要你不放弃，说不定在你通往成功的道路上，到处都埋藏着黄金。

名震世界的男高音歌唱家帕瓦罗蒂，就是因正确的人生选择而极大地向人们展示了他歌唱方面的才华。

1935年，帕瓦罗蒂出生在意大利的一个面包师家庭。他的父亲是个歌剧爱好者，他常把卡鲁索、吉利、佩尔蒂莱的唱片带回家来听，耳濡目染，帕瓦罗蒂也喜欢上了唱歌。

小时候的帕瓦罗蒂就显示出了唱歌的天赋。

17岁时，帕瓦罗蒂的父亲介绍他到“罗西尼”合唱团，他开始随合唱团在各地举行音乐会。他经常在免费音乐会上演唱，希望能引起某个经纪人的注意。可是，近7年的时间过去了，他还是无名小辈。眼看着周围的朋友们都找到了适合自己的位置，也都结了婚，而自己还没有养家糊口的能力，帕瓦罗蒂苦恼极了。偏偏在这个时候，他的声带上长了个小结。在菲拉拉举行的一场音乐会上，他就好像脖子被掐住的男中音，被满场的倒彩声轰下台。

失败让他产生了放弃的念头。

这时冷静下来的帕瓦罗蒂想起了父亲的话，于是他坚持了下来。几个月后，帕瓦罗蒂在一场歌剧比赛中崭露头角，被剧组选中，于1961年4月29日在雷焦埃米利亚市剧院演唱著名歌剧《波希米亚人》，这是帕瓦罗蒂首次演唱歌剧。演出结束后，帕瓦罗蒂赢得了观众雷鸣般的掌声。

第二年，帕瓦罗蒂应邀去澳大利亚演出及录制唱片。1967年，他被著名指挥大师卡拉扬挑选为威尔第《安魂曲》的男高音独唱者。

从此，帕瓦罗蒂的声名节节上升，成为活跃于国际歌剧舞台上的最佳男高音。当一位记者问帕瓦罗蒂成功的秘诀时，他说：“我的成功在于我在不断的选择中选对了自己施展才华的方向，我觉得一个人如何去体现他的才华，就在于他要选对人生奋斗的方向。”

我们每个人面对困难，都或多或少抱怨过自己曾经做出的选择。但是谁也不会知道，命运之神会在哪一时刻眷顾自己。帕瓦罗蒂的故事正好让我想起了一句歌词：没有人能随随便便成功。是啊，人生既然已经做出了选择，就要朝着自己选择的方向去拼搏去努力。即使失败了也不要失落，不要气馁，不要盲目质疑自己的路。坚持下去才会有属于自己的天地。

玛丽娅·斯可罗多夫斯卡娅，即著名的居里夫人，被誉为“镭的母亲”。

居里夫人注意到法国物理学家贝克勒尔的研究工作。自从伦琴发现X射线之后，贝克勒尔在检查一种稀有矿物质“铀盐”

时，又发现了一种“铀射线”，朋友们都叫它贝克勒尔射线。

贝克勒尔发现的射线，引起了居里夫人极大兴趣，射线放射出来的力量是从哪里来的？居里夫人看到当时欧洲所有的实验室还没有人对铀射线进行过深刻研究，于是决心闯进这个领域。

理化学校校长经过皮埃尔多次请求，才允许居里夫人使用一间潮湿的小屋做理化实验。在摄氏6度的室温里，她完全投入到铀盐的研究中去了。

居里夫人在研究铀盐矿石时想到，没有什么理由可以证明铀是唯一能发射射线的化学元素。她根据门捷列夫的元素周期律排列的元素，逐一进行测定，结果很快发现另外一种钍元素的化合物也能自动发出射线，与铀射线相似，强度也相像。居里夫人认识到，这种现象绝不只是铀的特性，必须给它起一个新名称。居里夫人提议叫它“放射性”，铀、钍等有这种特殊“放射”功能的物质，叫作“放射性元素”。

一天，居里夫人想到，矿物是否有放射性？在皮埃尔的帮助下，她连续几天测定能够收集到的所有矿物。她发现一种沥青铀矿的放射性强度比预计的强度大得多。

经过仔细的研究，居里夫人不得不承认，用这些沥青铀矿中铀和钍的含量，绝不能解释她观察到的放射性的强度。

这种反常的而且过强的放射性是哪里来的？只能有一种解

释：这些沥青矿物中含有一种少量的比铀和钍的放射性作用强得多的新元素。居里夫人在以前所做的试验中，已经检查过当时所有已知的元素了。居里夫人断定，这是一种人类还不知道的新元素，她要找到它！

居里夫人的发现吸引了其丈夫皮埃尔的注意，于是和她一起向未知元素进军。在潮湿的工作室里，经过居里夫妇的合力攻关，1898年7月，他们宣布发现了这种新元素，它比纯铀放射性要强400倍。为了纪念居里夫人的祖国——波兰，新元素被命名为“钋”（波兰的意思）。

1898年12月，居里夫妇又根据实验事实宣布，他们又发现了第二种放射性元素，这种新元素的放射性比钋还强。他们把这种新元素命名为“镭”。可是，当时谁也不能确认他们的发现，因为按化学界的传统，一个科学家在宣布他发现新元素的时候，必须拿到实物，并精确地测定出它的原子量。而居里夫人的报告中却没有钋和镭的原子量，手头也没有镭的样品。

居里夫妇决定拿出实物来证明。当时，藏有钋和镭的沥青铀矿，是一种很昂贵的矿物，主要产在波希米亚的圣约阿希母斯塔尔矿，人们炼制这种矿物，从中提取制造彩色玻璃用的铀盐。对于生活十分清贫的居里夫妇来说，哪有钱来支付这份工作所必需的费用呢？他们的智慧补足了财力，他们预料，提出铀之后，矿物里所含的新放射性元素一定还存在，那么一定能从提炼铀盐后的矿物残渣中找到它们。经过无数次的周折，奥地利政府决定馈赠一吨废矿渣给居里夫妇，并答应他们若将来还需要大量的矿渣，可以在最优惠的条件下供应。

居里夫妇的实验室条件极差：夏天，因为顶棚是玻璃的，里面被太阳晒得像一个烤箱；冬天，又冷得人都快冻僵了。居里夫妇克服了人们难以想象的困难，为了提炼镭，他们辛勤地奋斗着。居里夫人立即投入提取实验，她每次都要把20多公斤的废矿渣放入冶炼锅熔化，连续几小时不停地用一根粗大的铁棍搅动沸腾的材料，而后从中提取仅含百万分之一的微量物质。

他们从1898年一直工作到1902年，经过几万次的提炼，处理了几十吨矿石残渣，终于得到0.1克的镭盐，测定出了它的原子量是225。

镭宣告诞生了！

居里夫妇证实了镭元素的存在，使全世界都开始关注放射性现象。镭的发现在科学界爆发了一次真正的革命。

居里夫人以《放射性物质的研究》为题，完成了她的博士论文。1903年，居里夫人获得巴黎大学的物理学博士学位。同年，居里夫妇和贝克勒尔共同荣获诺贝尔物理学奖。

这个故事讲述了居里夫妇发现镭元素的经过。其中他们面对的艰辛与坎坷，超乎了常人的想象。现在的人面对发展变革的浪潮，多少会急功近利，一夜成名，但是事情的发展却总是按部就班的，只有一步一个脚印，努力钻研，坚持自己的路，才会有属于自己的天地。能站得更高、走得更远的人，往往也承受着常人无法想象的艰难险阻。

以居里夫妇的成功来看，假如0.1克的镭是成功，那么几十吨矿石残渣和日夜的艰辛实验就是我们面对的艰难险阻。其中不可控制的心理因素有焦虑、失落、盲目、挫败感等等。

但是只有战胜了艰难险阻，才能得到最后的成果，造福整个人类。如果我们心中的目标注定是选择了一条长远而艰辛的路，那么请大家从现在开始不要焦虑，不要失落，不要盲目，珍惜自己的选择，认真执着地付出，你的人生最终会因为坚持自己的选择而大放异彩。

人生，面对自己需要勇气；改善自己，需用倾听内心；经营自己，更是要有强大的内心培养自信。给自己一份宁静气魄用自信的脚步，坚定自己的选择。到最后，深窥自己的心，而后发觉一切的奇迹在你脚下。

第三章

行动吧，不要让成功擦肩而过

成功的华丽外表下，

总是潜藏着磨难与困境。

只有经得起环境考验的人，

才能算是真正的强者。

成功的华丽外表下，总是潜藏着磨难与困境。

换句话说，成功可遇而不可求的真正原因在于我们命运的女神总是在为我们设下考验与陷阱。在这场残酷的考验中，我们发现了那么多因经受打击而一蹶不振的人；我们遇见了那么多因承受不了失败的痛苦而转念放弃的人；我们也见到了因忙忙碌碌而迷失了自我目标的人。

但是殊不知，成功的转机总在不经意中出现，因此，我们要在困境中发现转机，不要让成功与自己擦肩而过。

逆境给人宝贵的磨炼机会。自古以来的伟人，大多是抱着不屈不挠的精神，从逆境中挣扎奋斗过来的。生活中，有的人败在了逆境和厄运中，而有的人却迎难而上，最终实现了成功。

只有经得起环境考验的人，才能算是真正的强者。

人生赢在规划

人很多时候的努力只是为了验证一个错误，但在努力的过程中还是在不断的鞭策自己，说只要坚持就是胜利，这是方向的问题还是没有人生规划的原因？成功的人生，需要自己去经营，现在就为自己的人生做好规划，为人生点亮一盏明灯，赢在人生起跑点上。有目标的人生才有方向，有规划的人生才更精彩。

哈佛大学有一个关于规划对人生影响的跟踪调查。对象是一群智力、学历、环境等各方面都差不多的人。调查结果发现，27%的人没有规划，60%的人有较模糊的规划，10%的人有清晰而短期的规划，只有3%的人有清晰而长期的规划。25年的跟踪结果显示，3%的人25年来都不曾更改过规划，他们朝着规划不懈努力，25年后他们几乎都成为了社会各界的顶尖人士。10%的人，生活在社会的中上层，短期的规划不断地被达成，生活状态稳步上升。60%的人，几乎都生活在社会的中下层，他们能够安稳地生活与工作，但似乎都没什么特别的成就。27%的人，几乎都生活在社会的最底层，25年来生活过得不如意，常常失业，靠社会救济，并常常报怨他人、报怨社会。

规划对人生有着巨大的导向性作用。成功在一开始，仅仅就是一个选择。你选择什么样的规划，就会有什么样的成就，有什么样的人生。

有不少人，忙忙碌碌了一生，不知道自己为了什么而奋斗，也不知道奋斗到什么时候才是尽头。在日益激烈的竞争环境中，一头扎进去，去拼搏去奋斗，可是几年下来我们却发现已经找不到自己了，找不到原来的梦想了。

所以，在工作中精心规划，一步步实现自己的梦想也是有条件的，那就是，首先你要热爱自己的工作。如果你不热爱自己现在的工作，即使你规划得再合理，最终也只能离自己心中的梦想越来越远。

20世纪80年代，有一位22岁的年轻小伙子在IBM公司工作。进入公司不久，由于他体质衰弱，积劳成疾，终于病倒了。他凭着坚强的意志与病魔搏斗了3年之久，终于康复，并重回公司工作。

当时，大病初愈的他已经25岁，于是立下了往后25年的生涯计划，这是他第一次为自己制定职业生涯的计划。此后，他每年都为自己未来的25年生涯订立新的计划。比如28岁时，就制定了到53岁时的生涯计划；到了30岁时，就制定出至55岁时的生涯计划。

他订立自己的“25年计划”表，并确实督促自己按计划实践。他不断地对“如何才能以最少的劳力，消耗最少的精神，以最短的时间方能达到目的”进行思索，也就是说他不断地力图找到既轻松又一定能成功的战略、战术。他经常不断地调整自己的职业设计计划，追加新的努力目标，使自己的启蒙目标和工作目标也逐渐扩展充实起来。

他总是从自己的现实出发学习应具有的各种能力，然后再进一步地为未来打基础，以便能随时胜任更高的职位。这一切都是得益于所定的职业生涯规划的有效帮助。到了30岁时，他成为经理；到了40岁时，他当上了总经理。他的升迁比别人要快得多。而47岁时，他干脆离开IBM，自己开始经营公司。能取得这些成就，也并不是因为他的脑筋特别好或者善于走后门，而是他能拟定适合自己生涯的计划，并且能去实践。

这个故事的主人公不是别人，正是日本著名企业家井上富雄。

井上富雄的故事恰恰说明了这个道理，那就是无论工作中遇到了什么样的困难，我们有时要停下来，给自己留些时间去想，去静静地理一理。通过精细规划，一步一个脚印，去实现自己的人生梦想。

戴尔·卡耐基曾经说过：“每个人都应该努力根据自己的特点来设计自己，量力而行。根据自己的环境、条件、素质、兴趣等，确定进攻方向。” 所以，在自己擅长的领域里，我们才能容易做得出色，在工作中找到自己的梦想，实现梦想的可能就最大。

当然，在我们刚刚步入社会的时候，在这个陌生的环境里站住脚跟才是最重要的。这个时候寻求到的一份工作，十有八九不是我们所喜欢的。即使这样，我们也不能以敷衍的态度去应付工作，而是要学会去爱自己所做的。

通常情况下，选择自己喜欢的工作，更能发挥出我们的潜能，而且我们工作起来也就更容易取得成功。如果现在从事的工作，并不是自己喜欢的，那么就要试着调整自己，让自己喜欢这份工作。一个人是可以喜欢很多行业的，不要过早地给自己下结论，这样你的发展空间也会更大。

世界首富比尔·盖茨说：“一名优秀员工应该热爱自己的工作，根据岗位职责做好本职工作的同时，能干一行、爱一行、专一行。”如果你想获得成功，想成为富人，那么你一定要热爱自己的工作，要在这个行业做大做强，就要为此而付出更多精力和热情。因为不喜欢你的工作，就算你的表现非常好，也不会一直坚持下去。那么很多人会问，怎样才是热爱我的工作呢?

首先，我们要享受拼搏的快乐。现实生活也是这样的，我们得到的回报取决于我们付出的多少。没有哪一位富翁的财富不凝聚着自己的汗水，没有哪位成功者的成就不是心血的结晶。可见，要取得成功，就必须静下心来，踏踏实实地努力奋斗。

其次，专注自己的事很重要。专注于自己的工作，这是热爱工作的最佳表现，无法专注工作的人，谈不上热爱工作，更谈不上成功。在专注的工作中学习本领，才有可能一步步向前迈进，最终实现自己的梦想，成为一个成功者。

再次，把手上的工作做到底就是尽职尽责。尽责是一种全心的付出，尽职是一种挑战困境的勇气。尽职尽责也是战胜一切决心的体现，尽职尽责是对工作职责的勇敢担当，是对工作环境的积极适应，也是对自己所负使命的忠诚和信守。一个尽职尽责的人，一个勇于承担责任的人，会因为这份承担而让生命更有分量。

热爱自己的工作，并能在这份工作中找到自己的梦想，从而你就会在工作中找到乐趣，就能在工作中忘记辛劳，得到欢愉，从而也就找到了通向成功之路的秘诀。

曾经有一位心理学家路过一座大山，在山中遇见了两位石匠。他们都在卖力地凿着石头。心理学家看见他们干得如此拼命，便走上前去询问第一位石匠："你喜欢做这个工作吗？"

石匠皱着眉头抱怨道："谁会喜欢天天抡这个重得要命的铁锤来和这些没有感情的石头打交道啊？实话跟你说吧，这简直就不是人干的活，但是为了生活我也没有其他的办法！"听完他的话，心理学家认同地点了点头。

他又走到第二位石匠面前，他看到这个石匠满面红光，嘴里哼着小曲儿，心理学家感到非常奇怪，便问道："你一定是非常喜欢这份工作吧？"石匠抬起头用手拭去了额头上的汗珠，憨厚地笑笑说："确实如此，我很喜欢这份工作，每当我想到这些粗笨的石头经过我的雕琢将被别人欣赏的时候，我就感觉到了由衷的自豪！"

心理学家被这位石匠朴实的语言震撼了，他简直无法想象，一个做如此粗俗工作的石匠，竟然会有如此高尚的想法。若干年后，第二位石匠成了远近闻名的雕刻家，而第一位石匠仍旧像原来一样一边抱怨着一边重复着那些机械的敲石头的动作。

面对同样的工作，在同样的环境，两位石匠却有如此截然不同的感受。其实生活赋予每个人的成功机会是同等的，只是人们所处的心态不同。可想而知，如果你在工作中感受不到快乐，那么你的人生真的就会失去很多。就像第一个石匠满腹牢骚，把手中的工作视为无奈之举，得过且过，结果就是一事无成；第二位石匠则用一种愉悦的心情、积极的态度来对待工作，所以生活总是会把成功的收获带给他。如果我们都能在自己的工作中找寻快乐，用自己的热情去构筑未来，那岂不是一举两得的事情吗？

现实生活中哪些人能离得开工作呢？其实我们大部分时间都是在工作中度过的。所以享受工作，把工作当作自己的节日，乐在其中，那么我们的工作必定会给我们带来欢乐。快乐是人生的最大追求，快乐的人必定善良，善良的心灵才会柔软纯净，才会感受到花的微笑和风的叹息；快乐的人必定懂得精神比物质需求更为重要，只要做到了这些，快乐的天使便会降临在你的生活中。

同时，我们要认真规划工作中的每一步，把每次工作晋级都当作自己的梦想去奋斗去实现，那么每一次成功对你都是极大的鼓舞和肯定。

生活不能等待别人来安排。你想要什么样的生活只有你自己知道。自己去规划和设计，自己去争取和奋斗，自己去调整和改变，你才能一点一点距离理想生活越来越近。纵使不会事事如意，但你可以骄傲地说，我曾用尽全力，所以不会遗憾。

心态放平和，眼界才能更开阔

要多寻找生活之美，丰富情感领域；要多读些书，多交往有思想的人，提升内在的品位；那些与你无缘的东西，要学会拒绝和远离；无论怎样，都要积极乐观，心态健康了，路才不会走偏。

世界游泳冠军摩拉里在他很小的时候，就非常喜欢看体育节目，当他看奥运会的时候，激发了他的追梦情怀，心中就有了属于自己的梦想，他立志也要当世界冠军。终于在1984年，他等到了一个机会。他在自己擅长的游泳项目中，成为全世界最优秀的游泳者。他满怀期待、踌躇满志地去参加了洛杉矶奥运会，他觉得自己终于有机会实现自己的冠军梦了。可惜的是，他只拿了亚军，冠军的梦想并没有实现，这对他是一个不小的打击，但他却没有放弃。他重新回到现实中，回到游泳池里，又开始投入到实际的训练中。他相信自己可以做到，只要自己努力了，于是他比原来更加刻苦训练，因为这一次他给自己定的目标是1988年韩国汉城的奥运会金牌。可是天不尽如人意，他的梦想在奥运预选赛时就烟消云散，他竟然被淘汰了。经过这次的失败后，摩拉里有些支撑不住了，他开始有些怀疑自己，变得很沮丧。经过一段时间的考虑后他决定把这份梦想深埋心中，就跑到康乃尔去念律师学校。有三年的时间，他很少游泳。可是心中始终有股烈焰，他无法抑制这份渴望，他仍旧不死心，相信自己可以，而且也相信经过这几年的调整，他又有了一个良好的心态去面对曾经自己的战场。于是，在1992年巴塞罗那奥运会比赛前不到一年的时间，摩拉里决定再试一次。在这项属于年轻人的游泳赛中，他算是高龄，他的这种积极的精神在别人眼中简直就像是拿着枪矛戳风车的现代堂·吉诃德，他想赢得百米蝶式泳赛的想法简直愚不可及。

对摩拉里而言，这也是一段悲伤艰难的时期，因为他的母亲因癌症而离世了。她将无法和他一起分享胜利的成果，可是追悼母亲的精神加强了他的决心和意志。令人惊讶的是，摩拉里不仅成为美国代表队成员，还赢得了初赛。他的纪录比世界纪录慢了一秒多，在竞赛中他势必要创造一个奇迹。

加强想象，增加意象训练，不停地训练，他在心中仔细规划着赛程。直到后来，不用一分钟，他就能将比赛从头到尾仔细想过一遍。他的速度会占尽优势，他希望能超越自己的竞争者，一路领先。预先想象了赛程，他就开始游了，而且最终他成功了。那一天，他真的站在领奖台上，看着星条旗冉冉升起，美国国歌响起，颈上挂着令人骄傲的金牌。凭着他的积极心态，摩拉里将梦想化为胜利，美梦成真。

作为一名优秀的运动员，真正的竞争，除了身体技巧层面的竞争，更是心态上的一种搏斗。只有心态放平和，视野才会更加开阔。

在如今的这个世界确实是这样，人所处的困境或者说是绝境，在很多情况下，都不是生存层面上的，而是一种精神层面上的；如果你在精神上不会垮下来，外界的一切都不能把你击倒。从这种观点来看，通常人们面对的最大敌人，其实不是你的对手有多强大，而是自己是否能够战胜自己的内心，如何保持一种积极、乐观的心态。

事实上也的确如此，人的行为常常由心态来决定。有什么样的心态就会有什么样的结果。保持一种积极的心态，乐观地看待每一件事。即使失败也要淡然处之，因为面对下一次向成功的冲刺我们还有机会，积极调整自己的心态，失败的经历只不过是通往成功的新的开始。

汤姆从事的是餐饮行业，也许是因为从事的职业的关系，他总是很乐观，时刻拥有一份好心情，总会说些积极的话鼓励自己和别人。因为他的乐观情绪的感染，总是有几个服务生追随着他从一个餐厅到另一个餐厅，因为他天生是个善于激励别人的人。如果一个雇员这一天过得不开心，汤姆就会告诉他怎样看待事情积极的一面。当有人问他是怎么做到的，汤姆回答说："每天早晨我醒来时会和自己说：'汤姆，今天你有两个选择。你可以选择有个好心情或者你可以选择有个坏心情。'我当然选择好心情。每当发生坏的事情时，我可以选择当受害者或者我选择从中学到一些东西。每当人们向我抱怨的时候，我可以选择接受他们的抱怨，或者我可以指出生活中积极的一面。我要选择生活中积极的一面。"

汤姆说："生活就是不停地选择。前提就是看你自己究竟想要什么样的生活。当你忽略了旁枝末节时，每个条件就是一个选择。你可以选择如何应对形势，你可以选择别人是否会影响到你的心情；你也可以选择拥有好心情或坏心情。

后来，汤姆遇到了一件事，差点儿丢了性命，可是他却凭着自己惯有的坚强和积极的心态活了下来：一天早晨，他忘记关后门，三个持枪劫匪乘机进店用枪顶着他的脑袋，命他打开保险箱，在开保险箱时，他的手由于紧张而颤抖，滑掉了密码。歹徒们慌乱中向他开了枪，然后逃走了。

幸运的是，汤姆及时被人发现并送往当地的急救中心进行抢救。经过18个小时的手术和几周的重症看护，汤姆终于可以出院了，但子弹的碎片却留在了他的身体里。

后来，他的一个朋友问他出事时是怎么想的，他回答道：“我想到的第一件事就是我本该锁好后门的。”汤姆说：“然后，当我躺在地板上时，我只给自己两个选择，事实上也只有这两个选择：我可以选择生存，我也可以选择死亡。当然，我选择了生存。”

“你不是受伤失去意识了吗？”朋友问道。

汤姆继续说：“护理人员真是太好了，太伟大了。他们一直不停地告诉我我会好的，没事的。但是当他们把我推到手术室，我看到医生和护士脸上的表情时，我真的很害怕。从他们的眼神里，我读出这样的信息：‘他是一个死人。’我知道我需要做些什么了。”

“你做了什么？”朋友问。

“哦，有一个很漂亮、很亲切的护士大声地问我问题。也许她觉得我那时已经听不太清楚了。”汤姆说，“她问我是不是对什么东西过敏。‘是。’我回答。医生和护士都停止了手上的工作，看着我，等着我的回答。我做了一个深呼吸，大声叫道：

‘是子弹！’”

他们都笑了起来，笑声过后，我告诉他们：“我选择活下来。给我动手术吧，就当我是活着的，而不是死去了。”

汤姆就这样活了下来，既是医生精湛的医术救了他，也是他那惊人的生活态度救了他。

我们应该从他身上学到了，每天都要选择充实的生活。因为，心态决定一切。你想过有意义的人生，想实现自己的目标，你就会为之努力，把不可能变成可能。如果你认为自己没有天赋，或者命中注定不会有什么大成就，也许你就会自暴自弃，不去争取，不去拼搏，结果，你当然就是庸庸碌碌地度过一生。

怎样度过自己的一生，完全在我们自己。不同的心态，不同的命运，不同的命运取决于自己的选择。

但是拥有好的、积极的心态，并不等同于冲动的、不冷静的行为和决断。成功固然需要勇气和信心，它有助于我们去面对所处的困难和挑战，调动起我们一切可能的能力。然而，当我们对某件事做决断时，一定要调整心态，使心态处在平和宁静的状态，这才能有助于我们冷静地下判断，做出正确的决定。此时我们不需要勇气只需要把心态调整到一种恰当的状态。这是一种什么状态呢？就是心平气和、不急不躁的和谐状态——既不自卑也不自信，既不犹豫也不冒进，只有在这种心态之下，我们才能敏锐地观察出客观问题的特点，才能准确地判断出事情的变化，才能够真正地做出正确的决策。一个好的、积极的心态，必须是平和的，遇事不惊不躁，理智处理。否则，结果会很不尽如人意。

有一位司机，平时干活任劳任怨，争为人先，为人也挺仗义，是一个不错的小伙子，但就是心态不好，遇事太急躁，开起车来左窜右窜，非常快。如果有红绿灯，他总是等得很不耐烦，到公司不久，同事便发现了他的这一特点，对他说："你的心太急，要多注意一点儿，否则会出事。"

果不其然，没过多久，他开车追尾了。刚开始，他怀疑刹车系统有问题。于是，他到修理厂将刹车系统彻底检查了一遍，结果是毫无问题。其实，这并不是车的问题，而是他心态的问题，他急躁的心态影响了他对车速和车距的判断。由于这小伙子除了这一毛病之外，实在不错，领导不忍心就这样让他走，就把他请到办公室谈了谈心，并告诉他心态影响了他的认识和判断，希望他能调整自己的心态，如果不调整，会很危险，有可能危及自己的生命。

然而，没想到那次追尾刚过去一个月，他又一次追尾了，情况比上一次还要严重。领导很是无奈，他也十分内疚，说他控制不了自己的心态，并主动从公司辞了职。

当我们的人生遇到问题之时，我们就更应该控制好自己的心态，否则，就会对客观情况的变化视而不见、听而不闻，就会抓不住问题的症结所在，就会把内心的愿望误认为是客观的现实。如此一来，我们就不能真正地去审时度势，就会对情况做出错误的判断，采取错误的行为，导致我们的人生陷入更大的困境之中。只有我们拥有平和的心态，正视自己，正视所遇到的事情，从容地面对当时的一切，不慌不乱，才能帮助自己，走出困境，改变命运。

那么一个人怎样才能培养积极的心态呢？首先要从细节处开始，从生活中的点点滴滴开始。

首先，尽量昂首挺胸走路。人的肢体行动能够显示一个人的精神状态。一个人走路昂首挺胸，显得朝气蓬勃，充满自信，谁还会怀疑他走向成功的能力呢？即使困难重重，但他那昂首挺胸的样子，一定会让人相信他会积极地走出困境并取得最终胜利的。

然后，将你的步伐加快。心理学家认为，懒散的姿态和缓慢的步伐与一个人的心理状态有极大的关系，表明了他对待自己、工作以及他人的一种消极和不愉快的态度。心理学家还告诉我们：可以通过改变你的姿势，加快你的走路频率从而达到改变你的态度、心理的重要目的。因为加快你步伐的频率，显得步伐敏捷，好像处在竞走中的冲刺阶段，仿佛向世界宣告：我要到一个重要的地方，去做一件非常重要的事，而且我将会在短期内取得成功。这样可以树立起你的自信心，培养起你积极的态度。

最后，每天至少赞美自己一次。行为学家们曾做过无数次的试验来证明赞扬的重要性。他们认为，人们总是趋向于重复那些能够获得激励性结果的行为。

美国钢铁公司第一任总裁史考伯说：“我在世界各地见过许多大人物，还没有发现任何人，不论他多么伟大，地位多么崇高，不是在被赞美的情况下，比在被批评的情况下工作成绩更佳、更卖力。”

所以，无论生活的剧本为我们怎样安排，我们都要以积极的心态去面对。昂起我们的头，挺直我们的胸膛，这样我们才能站在更高的视野去观察世界，坚持下去相信，我们可以积极地把握我们的命运。

成功的人，总在保持好心态。有些人，有些事，是可遇不可求的，我们是强求不来的，既然这样，就放宽心态，顺其自然。无论何时何地，都要拥有一颗安闲自在的心。抱最大希望，尽最大努力，做最坏打算，持最好心态。调整心态看生活，处处都是阳光。

直面困难，勇于进取

其实，失败并不可怕，可怕的是你的畏惧心。许多人对成功热衷，却对失败嗤之以鼻。可生活不是一锤子买卖，成功也不会来得那么轻易，它需要历经无数次的磨砺。努力做一个勇敢的年轻人，学着去承受生活给你的每一个耳光。千万别在风暴未来之前，就自甘堕落而缴械投降。

毛泽东曾说：“在困难的时候，要看到希望，要看到光明，更要提高我们的勇气。”当年，红军在第五次反“围剿”失败后，为北上抗日，进行二万五千里长征，面对如此困难，革命先烈毅然决然地踏上了困难重重、生死未卜的征途。翻越大庾岭、疾跨乌蒙、巧渡金沙江、飞夺泸定桥、爬雪山、过草地，面临着艰难险阻、生死存亡，但是他们没有退缩，没有逃避，而是勇往直前、奋力拼搏，最终在甘肃会宁胜利会师，为革命胜利打下了坚实的基础。

面对困难，止步不前、退缩逃避只是懦弱无能的表现。逃避和推脱终究解决不了问题，“难”字只不过是那些没有勇气的人制造出来的“护身符”而已。困难面前，我们要有勇气，我们要学会逆流而上。困难再大，我们不怕，困难再大，要敢于应战，只有经历大浪淘沙才能独领风骚。狭路相逢勇者胜，困难再大，我们也要敢于亮剑。

智慧而年老的牧师胡里奥在密西西比河边，遇见了忧郁的年轻人费列姆。

费列姆唉声叹气，满脸愁云惨雾。

“孩子，你为何如此郁郁不乐呢？”胡里奥关切地问。

费列姆看了一眼胡里奥，叹了口气：“我是一个名符其实的穷光蛋。我没有房子，没有太太，更没有孩子；我也没有工作，没有收入，整天饥一顿饱一顿地度日。像我这一无所有的人，怎么能高兴得起来呢？”

“傻孩子，”胡里奥笑道。“其实，你应该开怀大笑才对！”

“开怀大笑，为什么？”费列姆不解地问。

“因为，你其实是一个百万富翁呢！”胡里奥有点儿诡秘地说。

“百万富翁？您别拿我这穷光蛋寻开心了。”费列姆不高兴了，转身欲走。

“我怎敢拿你寻开心？孩子，现在能回答我几个问题么？”

“什么问题？”费列姆有点儿好奇。

“假如，现在我出20万美元，买走你的健康，你愿意么？”

“不愿意。”费列姆摇摇头。

“假如，现在我再出20万美元，买走你的青春，让你从此变成一个小老头儿，你愿意么？”

“当然不愿意！”费列姆干脆地回答。

“假如，我现在出20万美元，买走你的美貌，让你从此变成一个丑八怪，你可愿意？”

“不愿意！当然不愿意！”费列姆头摇得像个拨浪鼓。

“假如，我再出20万美元，买走你的智慧，让你从此浑浑噩噩，度此一生，你可愿意？”

“傻瓜才愿意！”费列姆一扭头，又想走开。

“别慌，请回答完我最后一个问题——假如现在我再出20万美元，让你去杀人放火，让你从此失去良心，你可愿意？”

“天哪！干这种缺德事，魔鬼才愿意！”费列姆愤愤地回答道。

“好了，刚才我已经开价100万美元了，仍然买不走你身上的任何东西，你说，你不是百万富翁，又是什么？”胡里奥微笑着问。

费列姆恍然大悟。他笑着谢过胡里奥的指点，向远方走去……从此，他不再叹息，不再忧郁，微笑着寻找他的新生活去了。

是啊，健康、青春、美貌、智慧……这些哪里是用金钱能够买得到的？纵使病魔缠身，青春不再，花容易逝，我们也该心怀感恩地去体验生命的美妙历程。

而工作中，我们是不是也该经常给自己拧拧螺丝让自己开动起来呢？

有一位年轻人经由申请后，来到美国西部山里工作。

第一天领到斧头，他相当兴奋，到所属的林区砍树。眼看树一棵棵地倒下，他就工作得更卖力。

收工时，一位老工头来验收他的成绩后，告诉年轻人："你的表现很好，一天共砍了15棵树，我们开办以来一天的最高纪录是16棵，你再努力一点儿就可以破纪录了。"

年轻人受到激励，第二天起床更早，匆忙盥洗吃早餐后就赶到林区砍树。努力工作一天后，老工头又来验收，发现他砍了14棵树。年轻人自己也发现退步了，离自己想破纪录的目标也越来越远。于是他下定决心，第三天要更努力，绝不能松懈下来。

第三天在天色还是一片漆黑时，他就已经起床，没吃早饭就跑到林区门口，大门一开就冲进去工作。中午休息铃响，仍不愿意放下手边的工作。工头要求一定要停工了，他才勉强放下斧头。

结果在清点后，年轻人发现他只砍了13棵树，他有些挫折，自问为什么每天都在退步。老工头听到后笑笑说：“你是不是没有第一天那么有热忱，午餐吃太久，又休息比较久，是不是？”

年轻人听了很生气地说：“我今天早餐、午餐都没吃，你居然讲我偷懒！”顺手就把斧头丢在地上，老工头马上把斧头捡起来，拉住年轻人说：“你看你这把斧刃，都已经开花了，你上次磨斧头是什么时候？”年轻人更生气地说：“我每天都这么忙，哪有时间磨斧头！”

中国有句老话，工欲善其事，必先利其器。故事中的年轻人如果设法均衡地安排自己的时间，就应该每天检查和磨利自己的斧头，这样他才能用更少的时间，完成更多的事。

不知大家有没有发现，如果我们不经常更新手机中的软件，清理手机里的相片和内存，手机就会卡得跟一块儿板砖一样，任你碰触，它却岿然不动。

人生又何尝不是如此，我们常会利用20%的时间去完成80%的事，因为在充分休息及充电后，自己的效率会提高许多。假如我们把自身比喻成一部机器的话，那我们真应该定期为自己做做保养，拧拧松动脱落的螺丝，这样我们才能以更高的效率来完成我们需要完成的工作。

“贺拉斯，你别再穿着那套邋遢的衣服进城了。我帮你到服装店定做一套新的吧？你应该穿得整齐一点儿。”斯德雷特先生说。贺拉斯·格里利仔细打量着自己的衣服，好像第一次发现它们破烂似的，他回答说：“谢谢你，斯德雷特先生，我父亲正在开创一个新环境、新事业，我必须尽力帮助他。”

贺拉斯·格里利和父亲从佛蒙特州迁移到宾夕法尼亚州，作为伊利湖《政府公报》的代理人，他每月可以从斯德雷特法官手里领到135美元的薪水。但一连7个月，他每月只给自己留下15美元，而把其余的全部交给了父亲。他还要给父亲看守羊群，免得它们遭到饿狼的袭击，多少个夜晚他都只能在野地里露宿。

到21岁时，他毅然决定到纽约去寻求发展。他把一堆破破烂烂的衣服打成一个包袱，用一根木棍挑着，就出发了。他步行60英里，穿越大森林，来到了布法罗，再乘一只独木舟顺流而下，来到了奥尔巴尼，然后改坐驳船继续前进。1831年8月18日，在太阳跃出地平线的时候，他终于抵达了纽约。整个漫长的600英里的旅程，他只花费了5美元！

他选择了一家最便宜的旅馆住下，价格是每星期2.5美元。对他来说，现在最重要的就是找到一份工作。他每天都在大街上游荡，仔细搜索张贴在各个角落的招工广告。他走进一幢幢大楼，逢人便问是否需要人手。可是每个人都对他说：“不，我们不需要。”他那古怪的外表和衣衫褴褛的惨状，很容易被人误认为是一个逃跑的学徒。

在一个周末，他在睡觉前突然听到西部印刷公司正在招聘工人。星期一凌晨5点，他第一个来到西部印刷公司的门口。7点钟时，员工们陆陆续续前来上班，他找到了工头，请求给他一份工作。那个工头很欣赏他那份朴实和勤恳，但无法安排这个来自乡下的、没有任何经验的毛头小伙子任何一个合适的工作，他们只需要排印铅字的熟练工人。但那个工头还是说：“还是让他试试吧，也许他能让我们都吓一跳。”老板很快知道了这件事情，当即把工头臭骂了一顿，并且对工头说，等贺拉斯第一天的活干完之后就让他滚蛋。然而当第一天工作结束以后，贺拉斯却提交了一份出色的答卷——他干的工作比任何一个老工人都多，出错率却最少。

10年之后，贺拉斯·格里利创办的《纽约人报》成为全美国最好的周报。稍后创办的《小木屋》，发行数量达到了9万份，创造了当时报纸发行量的奇迹。

下一步，他又创办《纽约论坛报》，仅仅6周之后，他的订户达到了1.1万户。贺拉斯·格里利的创业之路从此出现一个崭新的局面。

贺拉斯·格里利的发迹轨迹完全是源于自身努力的动力，而这种动力正是他严格要求自己，从平凡的和不起眼的工作一步一步踏踏实实做起的。

现实生活中，眼高手低是很多年轻人爱犯的错误。他们不屑于做一些基础性的工作，甚至在家里吃父母的退休金也不愿意去找一份适合自己一步步发展的工作，从而沦落为“啃老族”。并且还振振有词地说“没有机遇和平台”。殊不知很多成功的人士都是从一个平凡的职务做起的，他们的成就都是一个长期积累的过程，而并不是像别人想象的那样，是幸运之神的宠儿。他们唯一的区别只在于：他们满足于时常“拧紧”身上的螺丝，让自己不知疲倦地开动起来。

不要沮丧，不必惊慌，做努力爬的蜗牛或坚持飞的笨鸟，我们试着长大，一路跌跌撞撞，然后遍体鳞伤。人生没有对错，只有选择后的坚持，不后悔，走下去，就是对的。走着走着，花就开了。坚持着，总有一天，你会站在最亮的地方，活成自己曾经渴望的模样。

放下包袱，未来更美好

一段路，走了很久，依然看不到希望，那就改变方向；一件事，想了很久，依然纠结于心，那就选择放下；一些人，交了很久，却感觉不到真诚，那就选择离开。一种活法，坚持了很久，依然感觉不到快乐，那就选择改变。放下过去，让心归零。

或许每个人的一生都有过不光彩的事情，并且成为了生命中的污点。但是，我们从故事中了解到，正是因为犯了错的人能够正视自己的错误才让自己重新走上人生拼搏的道路。因此，这些人的名字才这般如雷贯耳。

除了自己犯下的错误外，面对苦难和疾病，对我们来说，有时也成了生活中的负担，但我们依然能看到海伦·凯勒、霍金、张海迪等名人与病魔抗争的艰辛之路，他们不但没有被生活的苦难打倒，反而成了让他们无比坚毅的原因。

2002年1月的一个晚上，对日本著名钢琴家馆野泉来讲，是有生以来最痛苦最难过的一天。他正在弹奏钢琴时，突发脑溢血，一头栽在地上，从此右半身瘫痪。最初的几个月，馆野泉倒是比较乐观，他认为自己恢复一段时间以后就可以重登舞台了。

可惜事与愿违，将近一年的时间，他的右手都无法动弹，对一个钢琴家来讲，失去右手，几乎就意味着从此失去了音乐的演奏能力，这让馆野泉沮丧不已，心情越来越失落。他的芬兰妻子玛丽亚有一天悄悄对馆野泉说："何不试试你的左手？"左手？馆野泉愣了一下，就像有的人是左撇子一样，音乐界也有为数不多的一些曲子是专为左手演奏者谱写的。

架不住妻子的劝说，他答应尝试一下。结果，他拿出英国作曲家弗兰克·布里奇为一位在一战中失去右手的朋友谱写的曲子，开始弹奏起来，完全沉浸在音乐中，忘记了自己是在用单手演奏。

从此，馆野泉就开始用自己的左手演奏，不过，许多左手乐谱都很短，不适合音乐厅演奏。馆野泉请几个老朋友帮忙，包括音乐系学生，也积极参与，创作了约30首适合左手演奏的曲目。

他又重新回到舞台，每年举办几十场演奏会，乐曲都是作曲家为他的左手量身定做。每次演奏，他坐在与钢琴等长的特制凳子上，以便左手覆盖整个钢琴键盘。他已拍摄了好几部纪录片，甚至还跟日本皇后美智子共同弹奏过一曲二重奏。

2006年，在他中风四年后的一次演唱会上，完全沉浸在音乐魅力中的他突然用右手碰了一下键盘——他已经忘记了他是一个右半身瘫痪的病人。突然，他的右手真的能敲击键盘，伴随左手把一首曲子弹完了，虽然有些生涩，但奇迹真的发生了。

馆野泉后来在一场音乐会上说：“我用右手弹奏时，有一种春天树叶发芽的感觉。”这时，舞台下坐在观众席上的他的妻子玛丽亚，这位和他相濡以沫40年的芬兰妻子流下了激动的泪水。就是她告诉馆野泉：上帝都有备份。右手不能动了，还有左手；右半身瘫痪了，左半身还是健康的，只是失去了一半而已。

真的，不管是生活的挫折还是肢体的残缺，我们失去的并不是全部；这世界没有什么东西能让你完全绝望，只要你能够去找到自己的备份，人生的另一扇门就会为你打开。

生命的旅途中，我们总是会遇到这样或者那样的麻烦，例如：让我们少不更事，让我们经受苦难，让我们深陷忏悔并祈求救赎。但是面对这些艰难和逆境，我们要学会将这些不如意的事情变成一个打包的箱子，因为我们的负荷是有限的，

生活依然在继续，何必让自己的路那么沉重呢？或许只有自

己真的放下心中不能释怀之事，才能如同钢琴家馆野泉一般，忘却自己的疾病与烦恼，从而在超凡脱俗的意境之中，让自己得到慢慢的恢复，创造奇迹。因此，如果背负不动就放下自己的包袱吧！说不定，幸福与你在不经意间重逢；或许，放下包袱，新的生活才能就此开始。

生活不会按你想要的方式进行，它会给你一段时间，让你孤独、迷茫又沉默忧郁，但如果靠这段时间跟自己独处；多看一本书，去做可以做的事，放下过去的人；等你度过低潮，那些独处的时光必定能照亮你的路，也是这些不堪陪你成熟。所以，现在没那么糟，看似生活对你的亏欠，其实都是祝愿！

机遇是成功的关键

没有人会直接给你荣华富贵，只有送你机会和平台，现在这个时代什么都不缺，缺的只有像鹰一样的眼光，像狼一样的精神，像熊一样的胆量，像豹一样的速度。只要你讲诚信，懂感恩，成功一定属于你！平台，商机，机遇，抓住就是你人生的财富。机会从不等待一切犹豫者，观望者，懈怠者，软弱者，只有与历史同步伐，与时代共命运的人，才能赢得光明的未来！

能否善于抓住机遇，是一个人成功与否的重要条件。机遇往往是偶然的，稍纵即逝。因此，要抓住机遇，就必须有一个精明的头脑详细地研究，细心地观察，捕捉机会。英国细菌学家费莱明，童年时就爱好探问事情的究竟，一次他跟母亲去医院探望一位病人，他见到医生就问一连串的问题，医生看他聪明伶俐，便回答了他提出的问题，最后说道："孩子，人们还没有详细研究过的病症多得很呢？"这句话给费莱明留下了深刻印象，他暗暗下定决心，长大了要当医学家，专门对付那些没有研究过的病症。费莱明长大后，果然攻读医学，大学毕业后，他进圣玛丽医院从事疫苗的治疗研究。“还没有详细研究过的病症”一直在他的脑海中想着。特别是其中的传染病症，期望能找到一种杀灭病原菌的方法。他在实验观察中偶然发现青霉素的分泌能杀葡萄球菌。从此人类的传染病症有药可救。费莱明发现青霉素，似乎是非常偶然的，但都是他细心观察的必然结果。

他出生的时候，恰逢抗战胜利，父亲欣喜之下，就给他取名凌解放，谐音“临解放”，期盼祖国早日解放。几年后，终于盼来全国解放，但是凌解放却让父亲和老师们伤透了脑筋。他的学习成绩实在太糟糕，从小学到中学都留过级，一路跌跌撞撞，直到21岁才勉强高中毕业。

高中毕业后，凌解放参军入伍，在山西大同当了一名工程兵。那时，他每天都要沉到数百米的井下去挖煤，脚上穿着长筒水靴，头上戴着矿工帽、矿灯，腰里再系一根绳子，在齐膝的黑水中摸爬滚打。听到脚下的黑水哗哗作响，抬头不见天日，他忽然感到一种前所未有的悲凉，自己已走到了人生的谷底。

就这样过一辈子，他心有不甘。每天从矿井出来后，他就一头扎进团部图书馆，什么书都读，甚至连《辞海》都从头到尾啃了一遍。其实，他心里既没有明确的方向，也没有远大的目标，只知道，如果自己再不努力，这辈子就完了。以当时的条件，除了读书，他实在找不出更好的办法来改变自己。

书越看越多，渐渐地，他对古文产生了浓厚兴趣。在部队驻地附近，有一些破庙残碑，他就利用业余时间，用铅笔把碑文拓下来，然后带回来潜心钻研。这些碑文晦涩难懂，书本上找不到，既无标点也没有注释，全靠自己用心琢磨。吃透了无数碑文之后，不知不觉中，他的古文水平已经突飞猛进，再回过头去读《古文观止》等古籍时，就非常容易。

当他从部队退伍时，差不多也把团部图书馆的书读完了。就连他自己也没想到，正是这种漫无目的的自学，为自己日后的事业打下了坚实基础。

转业到地方工作后，他又开始研究《红楼梦》，由于基本功扎实，见解独到，很快被吸收为全国红学会会员。1982年，他受邀参加了一次“红学”研讨会，专家学者们从《红楼梦》谈到曹雪芹，又谈到他的祖父曹寅，再联想起康熙皇帝，随即有人感叹，关于康熙皇帝的文学作品，国内至今仍是空白。言谈中，众人无不遗憾。说者无心，听者有意，他心里忽然冒出一个念头，决心写一部历史小说。

这时候，他在部队打下的扎实的古文功底，终于派上了大用场，在研究第一手史料时，他几乎没费吹灰之力。盛夏酷暑，他把毛巾缠在手臂上，双脚泡在水桶里，既防蚊子又能取凉，左手拿蒲扇，右手执笔，拼了命地写作。几乎是水到渠成。

1986年，他以笔名“二月河”出版了第一部长篇历史小说——《康熙大帝》。从此，他满腔的创作热情，就像迎春的二月河，激昂澎湃，奔流不息。他的人生开始解冻。

毫无疑问，如果没有在部队的自学经历，就没有后来名满天下的二月河。他在21岁时跌入了人生最低谷，又在不惑之年步入巅峰，从超龄留级生到著名作家，其间的机缘转折，似乎有些误打误撞。但二月河不这么理解，他说：“人生好比一口大锅，当你走到了锅底时，只要你肯努力，无论朝哪个方向，都是向上的。”

想不到，一次“红学”研讨会上一位专家的无心感叹——关于康熙皇帝的文学作品，国内至今仍是空白——却成了二月河眼前的重大机遇，并成了他为之倾注心血的重要工作。因此，《康熙大帝》与源自小说改编的电视剧《康熙王朝》成为了经典中的经典。

现在的生活环境，我们已经无法体味二月河那个年代所体味的困苦，因此就不如前人那般重视眼前的机会。从而使大把大把的机会从手中错失，因此成功的人之所以能成功，抓住机遇是至关重要的。

纽约的基姆·瑞德先生原先从事过沉船寻宝工作，在遭遇那只高尔夫球前，他的日子过得很平凡。

一天，他偶然看到一只高尔夫球因为打球者动作的失误而掉进湖水中，霎时，他仿佛看到一个机会。他穿戴好潜水工具，跳进了朗伍德洛岭高尔夫球场的湖中。在湖底，他惊讶地看到白茫茫的一片，足足散落了成千上万只高尔夫球。这些球大部分都跟新的没什么差别。球场经理知道后，答应以10美分一只的价钱收购。他这一天捞了2000多只，得到的钱相当于他一周的薪水。干到后来，他每天把球捞出湖面，带回家让雇工洗净、重新喷漆，然后包装，按新球价格的一半出售。

后来，其他的潜水员闻风而动，从事这项工作的潜水员多了起来，瑞德干脆从他们手中收购这些旧球，每只8美分。每天都有8万至10万只这样的旧高尔夫球送到他设在奥兰多的公司，现在，他的总收入已达800多万美元。对于掉入湖中的高尔夫球，别人看到的是失败和沮丧，而瑞德说：“我主要是从别人的失误中获得机遇的。”

掉进湖里的球，在有些人眼里就是没用的垃圾，但是在基姆·瑞德与他人生中那个至关重要的“湖中高尔夫球”握手之前，恐怕他也不认为这会是什么重要的机遇并给他带来丰厚的财富。

成功不单单是一味地接受战胜艰辛与苦难，而在于抓住事物之间的联系，用一双发现的眼睛去看待问题，说不定，属于你的那个“湖中高尔夫球”即将与你不期而遇。

成功的光环从来不戴在那些只知等待的人们的头上，上帝给每个人以相等的机会，无论你是怎样的出身，不管你是贫是富，但是，成功的机遇不会自动来到我们身边，它总是喜欢那些主动出击，从不等待的人们，因为他们时刻作好了一切准备，努力吧，你离成功就差那么一点点。

第四章

行动吧，坚持下去，赢得精彩人生

通往成功的众多品格之中，

拥有勇敢探索、坚持自己、

坚忍不拔的品行最为重要，

因为它能让我们承受常人无法承受的磨难与痛苦，

同时也能让我们到达别人无法想象的高度。

玄奘是唐代一位高僧，为了求取佛经原文，玄奘从贞观三年八月离开长安，万里跋涉，西行取经，终于到达印度，历时17年，著有《大唐西域记》。

有人抱怨说："我的人生不精彩。"但是很少有人去认真分析不精彩的原因是什么。

因为缺少毅力，我们不再坚持；因为不再坚持，我们随波逐流；因为随波逐流，我们迷失自己；因为迷失自己，我们不能获得精彩的人生。

上面的分析正好诠释了人生不能获得成功的恶性循环。正是因为人生不能坚持才导致了种种失败；人生的轨迹与起点虽然各有不同，但是最终获得成功的人往往是源于自己的坚持。

通往成功的众多品格之中，拥有勇敢探索、坚持自己、坚忍不拔的品行最为重要，因为它能让我们承受常人无法承受的磨难与痛苦，同时也能让我们到达别人无法想象的高度。

勇敢迈出第一步

勇敢地迈出第一步是非常重要的，你每走一步都离目标更近，然后只要一个人朴实而饶有兴趣地生活着、努力着，你终究会发现，所有的成功，所有的获得都是水到渠成的。并不是因为事情难，我们不敢做，而是因为不敢做，事情才难的。下定决心去做一件事情就不要犹豫，勇敢迈出第一步。当真正实践的时候就会发现，之前所有设想的困难都不算什么。因为害怕失败而去逃避，这是傻子才会做的事！

一步，可能只是一段很短的距离，可能只是一个很小的举动。有的人因为勇敢地迈出这一步，成就了一生的辉煌；有的人却因为犹豫不跨出这一步，造成了一生的遗憾。一步，成就一生；一步，改变一生。

一步之于一生是一种转折而不是一种决定，它能改变即时的人生航向，却不能变革一颗有志的心凭借信念实践人生意义的进程。面对已然的成就，回首再忆曾经的一小步所给予的痛苦时，失落和伤痛在微风中化作轻轻的烟雾，旋绕为一个过程，一次经历。人生路漫漫，何必困于一步的不如意？

有一次，俄罗斯剧作家克雷洛夫在街上行走。忽然，有个年轻的果农走上前来，拦住了他的去路。

只见果农拿着一个果子，向克雷洛夫兜售。年轻人腼腆地对他说："先生，请你帮忙买些果子吧！不过，我要老实告诉你，这些果子其实有点儿酸，因为这是我第一次种果子。"

克雷洛夫见这个果农如此诚实，心生好感与疼惜，便向他买了几个果子，并对他说："小伙子，别灰心啊！你以后种的果子会越来越甜的，我第一次种的果子也是酸的。"

勇敢地迈出第一步，其实是争取成功的一大先决条件。就像故事中的小伙子一样，他顶住了果子其实不太好吃的压力，也承受住了由于没有推销经验，可能会被克雷洛夫拒绝的可能。但是他依然表现得很勇敢。

我们每个人都经历过很多成长中所经历的第一次，也就是我们所说的勇敢迈出的第一步。第一次自己穿衣服，第一次自己上学，第一次在课堂上演讲，第一次在找工作的时候介绍自己……

面对人生的第一步，我们其实不必担心未来的结果，只要仔细检查眼前的步伐有没有错误失算，走一步便修正一步，那么当我们站在终点时，自然能站立得踏实又稳健。

在摩根创业初期，一位名叫克查姆的小伙子拜访摩根：

“有一桩黄金买卖，想不想干！”

摩根说：“为什么不想？说说看！”

克查姆和盘托出了自己的计划：“通过皮鲍狄公司和摩根商行共同付款的方式，秘密买下四五百万的黄金，然后，将买到的黄金的一半汇往伦敦的皮鲍狄，剩下一半你留着。一旦将皮鲍狄黄金汇款之事宣扬出去，而查理斯敦港的北军又战败时，黄金价格肯定会暴涨。那时候，你就可以堂而皇之地抛售手中的黄金，就可大赚一笔了！”

摩根听后大喜，依计而行。

果不出所料，“黄金非涨价不可”的舆论到处传开，出现了抢购黄金的风潮，金价猛涨。摩根见时机已到，把手中黄金全部售出，在这次金价暴涨中赚到了一大笔钱。在接下来的黄金投机中，摩根发现了一个秘密：因为当时正值美国内战时期，如果南军在战争中占上风，金价就会上涨；北军占上风，金价就会下跌。

为了更好地把握军事情报，摩根敏锐的眼光注意到电报这种新式“武器”。克查姆对摩根的决策十分赞赏。

商行招聘了一位叫史密斯的青年，负责商行的电报通讯工作。史密斯曾做过北方陆军部队电报局接线生，史密斯的好友文尼尔上校是北军格兰特将军的电报秘书。摩根通过文尼尔、史密斯很容易而且准确地掌握了战争的情报。“新式武器”使摩根如虎添翼，受益匪浅。1862年10月28日，南方军队撤退仅几分钟，摩根就从史密斯的电报室中得到了消息。不久，又一份电文传来：“选举后的11月5日，林肯总统决定由班塞特接替马克利兰将军之职。”克查姆大喜过望：“形势大好！卖了！又可以捞一笔！”摩根抛售黄金，又赚到一大笔钱。

后来摩根又收到皮鲍狄的来电：“林肯总统和斯瓦特国务卿已通过驻英大使亚当斯向英国政府提出了最后通牒，要求停止为南军供应炮舰。你要特别注意华尔街的动向。”摩根收到电报后，令史密斯向华盛顿方面查询，密切注视华尔街的动向，史密斯又传来新的情报：林肯总统已下决心，如果英国继续向南军提供炮舰，那么将与英国断绝外交关系。

接着，皮鲍狄再次发来电报：“美国大使亚当斯奉命周旋，但更改先决条件的希望终于落空，美国政府只好委托皮鲍狄公司于24小时内准备好价值100万英镑的赔偿费，用以赔偿英国厂家的停工损失，这样英国就不向南军提供炮舰。”

摩根得此绝密消息兴奋异常，拍案叫绝：“天赐良机啊！买进黄金。”他立即大量买进黄金，次日皮鲍狄果断地大量买进黄金，金价暴涨，摩根趁机抬价，又全部抛出黄金，他再度发了一笔横财。

十年以后，摩根成为华尔街最大的金融寡头。他可以让白宫甘拜下风，让总统俯首称臣。从此时一直到他去世的那段时间，美国人习惯称之为“摩根时代”。

你一生中能获得特殊机会的可能性还不到1%；然而，机会却常常出现在你面前，你可以把握住机会，将它变为有利的条件。

人生中的很多情况，让我们变得孤立无援，让我们成为了第一个勇于探索、勇于尝试、勇于发现的那个人。别害怕开始时的跌倒与挫折，当我们跨出第一步的时候，通常都会遇到让自己难堪的窘境。只要不放弃、能坚持，我们就一定能找到事物发展的客观规律并且让自己品尝到努力付出所结成的甜美果实。

有了开始，我们距离梦想的目标就更近了。因为，有开始就有希望，不管最终的结果如何，付出行动就一定会得到相当的成果。世事万物都是依循这个简简单单的道理在运行，只要生命有了开始，自然会有果实累累的一天。你所需要做的事情只有一件：行动起来。这样，你就有机会创造属于自己的“摩根时代”。

人生的旅途，总是蜿蜒曲折坎坷不平的，任何人的一生都不可能是一帆风顺的，很多时候我们把困难在想象中放大了100倍。事实上，只要我们迈出第一步，就会发现，那些所谓的麻烦与困难，有时只是自己吓自己。行动起来，勇敢地去做，很多时候，很多事其实都能很简单。

成功路上需要坚定的目标

一个人如果明确目标，并且矢志不渝的追求，就会创造一个完全不同的人生。无论是锦衣玉食的王子，还是衣不蔽体的流浪儿，只要愿意，就能为自己的人生确立一个目标。这个目标既可以伟大也可以平凡，既可以辉煌也可以朴素，只要你愿意，你就能拥有。

“世上无难事，只怕有心人”这句话让我们相信，只要你确定了目标，专注于目标，你就可以成功了。

从某种意义上来说，这句话是正确的。专注力和执行力结合起来的确很强大。但是这句话其实有很强的误导性，因为它并没有提到专注于某个特定目标的难度和必要性。

大多数人都是不知道自己想要什么的。我们以为我们喜欢某件事，但事实上却并非如此。我们唯一能确定的就是我们不喜欢某些事情。我们不喜欢无聊的工作，我们不喜欢贫穷，我们也不喜欢让爱人们失望。

知道自己喜欢某件事情和知道自己不喜欢某件事情是完全不同的两件事情。如果你仅仅知道你不喜欢某些事情，那你的注意力就并没有集中起来，你将一事无成，就如同下面这个例子一样。每个人的一生中都有过由于犹豫而错过机会的事例，但是机会从不等人，而是等待着有准备的人。

有个故事说：

一个人有天晚上碰到一个神仙，这个神仙告诉他说，有大事要发生在他身上了，他有机会得到很大的财富，在社会上获得卓越的地位，并且娶到一个漂亮的妻子。

这个人终其一生都在等待这个奇迹，可是什么事也没发生。

这个人穷困地度过了他的一生，最后孤独地老死了。

当他上了天堂，他又看到了那个神仙，他对神仙说："你说过要给我财富，很高的社会地位和漂亮的妻子的，我等了一辈子，却什么也没有。"

神仙回答他："我没说过那种话，我只承诺过要给你机会得到财富，一个受人尊重的社会地位和一个漂亮的妻子，可是你却让这些从你身边溜走了。"

这个人迷惑了，他说："我不明白你的意思。"

神仙回答道："你记得你曾经有一次想到一个好点子，可是你没有行动，因为你怕失败而不敢去尝试？”这个人点点头。

神仙继续说：“因为你没有去行动，这个点子几年后给了另外一个人，那个人一点儿也不害怕地去做了，你可能记得那个人，他就是后来变成全国最有钱的那个人。还有，你应该还记得，一次城里发生了大地震，城里大半的房子都毁了，好几千人被困在倒塌的房子里，你有机会去帮忙拯救那些存活的人，可是你却怕小偷会趁你不在家的时候，到你家里去打劫，偷东西？”

这个人不好意思地点点头。

神仙说：“那是你的好机会，可以去拯救几百个人，而那个机会可以使你在城里得到很大的尊崇和荣耀啊！”

神仙继续说：“你记不记得有一个头发乌黑的漂亮女子，那个你曾经非常强烈地被吸引的，你从来不曾这么喜欢过的一个女人，之后也没有再碰到过像她这么好的女人？可是你想她不可能会喜欢你，更不可能会答应跟你结婚，你因为害怕被拒绝，就让她从你身旁溜走了？”

这个人又点点头，可是这次他流下了眼泪。

天使说：“我的朋友啊！就是她！她本来应是你的妻子，你们会有好几个漂亮的小孩，而且跟她在一起，你的人生将会有许许多多的快乐。”

我们身边每天都会围绕着很多的机会，包括成功的机会、成名的机会、晋升的机会、发财的机会，甚至是爱的机会。可是我们经常像故事里的那个人一样，总是因为害怕而停止了脚步，结果机会就溜走了。

罗凯是一个性格内向的年轻人，眼看着就要到30岁了还没有合适的女朋友，这让家人很着急。实际上他自己也很着急，他其实早已经有了心仪的对象，那女孩与他是大学同学，毕业之后他们在同一个城市工作。

在学校时，罗凯就对这个女孩很有好感，但是却一直没敢向对方表达，因为他觉得，对方是一个喜欢学习的女孩，如果自己向对方表示好感，那很可能会打扰她的学习，更何况，当时喜欢这个女孩子的人很多，当中不乏一些条件优秀的人，但是这个女孩子却从来没有答应和任何人成为男女朋友。

在一次偶然的相遇中，罗凯得知女孩的家和单位离自己上班和居住的地方都不远，罗凯不知有多高兴，他想自己终于可以在星期天的时候和女孩约会了。更让罗凯高兴的是，在一次很随意的电话聊天时，女孩透露自己现在仍是单身一人。

经过几番犹豫，罗凯终于决定到女孩家去约女孩出来看一场当时年轻人十分叫好的浪漫电影。可是在去她家的路上，罗凯又犹豫不决了，不知道究竟应该不应该去，又怕去了之后，或者显得太冒昧，或者女孩太忙，拒绝他的邀请，或者她的父母会感到不高兴。

于是他左右为难了一路，直到走到了女孩家所在的街道时，他心里依然在左右徘徊。但既然来了，总不能再返回去，于是他伸手去按门铃，甚至在按门铃的时候，他仍旧希望来开门的人告诉他："她不在家。"等了片刻，没有人答应，他勉强自己再按第二下，又等了一会儿，仍然没有人来开门，于是他如释重负地想："家里没有人。"看来只有回去了，于是他带着一半轻松一半失望走了。虽然他心里想"这样也好"，但事实上，他心里感到很失落。

又过了几个星期，罗凯又想去女孩家。这一次他想先打个电话问问，结果这一次接电话的是女孩的父亲，他告诉罗凯女孩出去了。之后，罗凯又多次想再打电话约女孩，可是每次拿起电话又放下，他又开始想，也许女孩并不想见他，就这样时间又过去了几个月。

后来一位熟人看到罗凯没有女朋友，便介绍一位女孩给他认识，罗凯的本意是想推辞，因为他心里一直喜欢的是那位同窗女孩，可是又怕伤了熟人的面子，于是就半推半就地去了。结果事情很巧，他和那位刚刚认识的女孩在公园散步时，遇到了自己喜欢的那个女孩和另一位陌生男子。罗凯当时很想直接向自己喜欢的女孩表明爱意，可是他觉得她身边的那位男子要比自己更出色，同时又怕心爱的女孩对自己相亲的事表示怀疑，于是又退却了。

结果半年之后，罗凯收到了那位女孩的结婚请柬，同时收到的还有她的一封短信。女孩告诉他，其实她很早就喜欢上了他，于是故意在电话中透露自己仍是单身的信息，而且希望罗凯能约自己去看一场浪漫的电影。她还曾经告诉家人，如果有年轻男子打来电话，如果对方不说自己是罗凯那就说自己不在……在那次公园邂逅之后，她以为罗凯已经和身边的女孩正式交往了。如果罗凯向自己表达心意的话，她肯定会不顾一切地接受，可是一切都是如果。最后她认为，罗凯并不喜欢自己……

我们因为腼腆而不敢向他人提出冒昧的要求；我们因为害怕被拒绝而不敢跟人们接触；我们因为害怕被嘲笑而不敢跟人们沟通情感；我们因为害怕失落的痛苦而不敢对别人付出承诺；我们因为害怕机会不是真正属于自己而不敢朝着心中的目标前进。说来说去，失败的原因只是两个字：犹豫。

但是人生有什么好犹豫的呢？如果我们心中已经有了目标，但是行动却犹犹豫豫，最后只能将自己置身于失败的境地。项羽因为犹豫，放过了刘邦，最终自刎乌江；官渡之战袁绍因为犹犹豫豫，错过了一举打败曹操的良机，最终成了千古的笑柄。在我们生活当中，对一个坚决朝目标前进的人，别人一定会为他让路；而对一个踌躇不前、走走停停的人，别人一定会抢到他前面去。两点之间，直线最短。我们应决心朝着既定的方向走去，越直接越好。瞻前顾后、患得患失只会使自己与成功和幸福擦身而过。

生活要有激情，只要你有前进的方向和目标，什么时候开始都不晚，负能量的脑袋不会给你正能量的人生！没有目标就没有希望。对于没有目标的人来说，所有的风向都是逆风。运气好的人有一个极其明确的目标，并且不论发生什么，他们都会始终如一地紧盯他们的既定目标。

不要轻言放弃

时间，抓起了就是黄金，虚度了就是流水；书，看了就是知识，没看就是废纸；理想，努力了才叫梦想，放弃了那只是妄想。努力，虽然未必会收获，但放弃，就一定一无所获。生活坏到一定程度就会好起来，因为它无法更坏。不要因为前方路途的遥远而轻言放弃，忘记了身后一路的坚持。努力过后，才知道许多事情，坚持坚持，就过来了。

遇到自己想要做的事情时，不妨大胆些，不要畏首畏尾，被胆怯束缚，只要认准了自己的道路，就要充满信心地放手一搏，及时迈出决定性的第一步。

只有不断的努力才会有更多选择，只有敢于迈出第一步，不回头、不后悔、不跟风、不动摇，命运就会像你所想象的那样，充满了激情与希望。认准了就去做，去做了就坚持，坚持了就会胜利，不到最后一刻决不要轻言放弃。

假如你心中有了一个梦想，但是你已经为了这个梦想失败100次了，你还会坚持自己，不言放弃么？我相信很多人面对这样的现实是承受不住这样的打击的。

在美国，曾经有一位年轻人，穷困潦倒，然而就在他身上全部的钱加起来都不够买一件像样西服的时候，他仍执着地坚持着心中的梦想：做演员，拍电影，当明星。

当时，好莱坞有500家电影公司，他根据自己划定的路线与排列好的名单顺序，带着自己写好的、量身定做的剧本前去一一拜访。但第一遍下来，所有的500家电影公司没有一家愿意聘用他。

面对百分之百的拒绝，这位年轻人没有灰心，从最后一家被拒绝的电影公司出来之后，他又回去从第一家开始，继续他的第二轮拜访与自我推荐。在第二轮拜访中，他仍然遭到了500次拒绝。

第三轮的拜访结果仍与第二轮相同。这位年轻人咬牙开始他的第四次行动。当他拜访完第349家后，第350家电影公司的老板破天荒地答应让他留下剧本先看一看。

几天后，年轻人获得通知，请他前去详细商谈。就在这次商谈中，这家公司决定投资开拍这部电影，并请这位年轻人担任男主角。这部电影名叫《洛奇》。

这位年轻人叫席维斯·史泰龙。

在我们的命运中，我们很难遇到像史泰龙那样的遭遇。但是我想没人愿意受那么多的挫折，如果不合适就会放弃。但是也正是他的这种不放弃的精神让他最终创造了“洛奇”“兰博”的神话。

当然我们可以不像他饰演的洛奇、兰博那般坚不可摧，但是面对生活的苦难，不能轻易放弃却成了我们唯一的选择。

哈里森·奥肯尼是一名29岁的尼日利亚小伙。2013年5月26日，哈里森乘坐所工作的拖船“杰森4号”出海。然而，他万万不会想到一场灭顶之灾就在前方不远处等待着他。

那天，开足马力的“杰森4号”像往常一样行驶在广阔的海面上，没有任何异样。然而，就在“杰森4号”驶离尼日利亚海岸32公里的时候，海面忽然掀起了巨大的风浪，船身不可控制地剧烈摇摆，每个人都预感到灾难正伸出一双魔爪抓向他们。

此时的哈里森正处在卫生间内，他预感到不好，正试图走出去和同伴在一起的时候，船沉了。惊恐的哈里森随着翻转的船身不断地下落，黑暗迅速笼罩了他。当然随同黑暗一起来的，还有海水。黑暗中，哈里森感到水面不断地上涨，他害怕极了，照这样下去海水迟早会把整个卫生间都填满淹没的。然而，他所惧怕的事情并没有发生，水面很快停止了上涨。

这是为什么？哈里森想起一定是卫生间与隔壁的办公室形成

了一个气穴区域，于是他努力让自己向那侧靠了靠。黑暗不断地吞噬着哈里森，1分钟、2分钟，1小时、2小时，哈里森在冰冷的水中痛苦地煎熬着。不仅如此，难耐的饥饿和干渴还一次又一次地向他发起了挑战。哈里森觉得，死亡已经离自己越来越近了。就在哈里森迷迷糊糊的时候，他仿佛看到了待在家中翘首企盼儿子早日归来的母亲。是啊，白发苍苍的母亲，却要承受丧子之痛，这将是一件多么可悲的事情。不，不，为了母亲，我一定要活着。哈里森睁开双眼，可是依然漆黑一片。

哈里森开始在黑暗中摸索，期待这个卫生间内能有奇迹出现，让他找到一点儿食物和水。遗憾的是，没有。是啊，卫生间怎么可能有食物和水呢？哈里森泄气了。已经浸泡在水中几个小时没有进食的哈里森显得越来越虚弱。可是，他的意识是清醒的。哈里森开始回忆沉船前的事情。在自己之前有没有人进入过卫生间呢？对啊，尼奥进来过，这个贪嘴的家伙说不定会留下些什么呢。哈里森重新打起精神在黑暗中摸索。这次，他的手在一寸一寸地向前推进。

突然，哈里森的手碰到了一小罐硬硬的东西，他拿起来的时候，心中涌过一阵窃喜。哈里森两手抚摸着，天哪，是可乐，一定是可乐，尼奥最喜欢喝可乐了。哈里森欣喜若狂地拉开易拉罐，“咕咚”喝了一大口。就在哈里森张开嘴巴，打算喝第二口的时候，似有母亲的声音：“孩子，慢慢喝，不急。”这个小时候上演过无数次的场景多么熟悉。哈里森掉下了眼泪，他在心里说：母亲，您知道此刻的我，有多么孤单和恐惧吗？

“为了母亲，一定要活着出去。”对于这仅有的一点儿救命的可乐，哈里森决定一点一点地“享用”，以赢得生命的时间等待奇迹出现。此刻的哈里森，变得没有了最初时的恐惧，他尽可能地让身体保持静止，以维持体力。但大脑却在飞快地想着逃生的办法。可是，随即哈里森便感到非常沮丧，因为即使自己逃离船舱，海底巨大的压强也一定会让自己粉身碎骨，要逃生，实在是难。难道自己注定要葬身海底吗？这样想的时候，哈里森听到有鱼在啃食周围尸体的声音。

这太恐怖了，黑暗中被海水浸泡的哈里森，感到彻头彻尾的冷。上帝啊，您难道就忍心将我带走吗？哈里森绝望地在内心感慨着。不知过了多久，哈里森又一次被饥渴唤醒。他贪婪地拿起可乐，大大地喝了一口，好甜！哈里森忽然想，或许这可乐是上帝拯救自己的礼物。求生的欲望再一次被点燃，哈里森相信，拖船失事一定会有人组织打捞的。坚持，等待，坚持！

不知又过了多久，迷迷糊糊的哈里森似乎感到一点儿光亮，之后有什么东西游了过来。救援，难道是救援吗？哈里森内心一阵狂喜。他集中精神寻找着光亮。就在这时，他发现有潜水员靠近，并向他伸了一只手。哈里森兴奋极了，他立刻伸出手紧紧地拉住了潜水员，生怕错过。“天哪，活着，他居然还活着！”本以为找到的是一具遗体的潜水员喜出望外。

此时，有来自不同方向的光束同时照向了哈里森。已经在黑暗中待了62小时的哈里森被强光照得睁不开眼睛。随即，救援人员帮哈里森戴上了氧气罩，并开始了救援。

哈里森获救了，在30米深的大西洋海底，没有潜水衣等任何防护措施下被困62小时后生还，成为船上12名成员中唯一一个生还者，这简直是个奇迹。获救后的哈里森面对众多媒体的采访，除了感谢一个个关爱施救的人，还说自己的一生都不足以表达对上帝的感谢，闻者无不动容。很多人都说，如果你不放弃，上帝一定会来救你。

有时候，不放弃成了我们唯一生存下去的内心支柱，这个内心支柱不但可以让我们在灾难中让自己活下去，更能在危机中让自己化险为夷。

有这样一个故事：

有个老先生和他女儿住在一座远离村庄的山上。一个严冬的夜晚，风雪交加，父女俩睡得很沉。忽然，小屋的门开了，两个小偷蹑手蹑脚地潜了进来，在屋子里四处翻找东西。可惜，只找到两包稻米。当他们背起米向门外走去时，老先生突然醒了。

看到这两个人，老先生很平静地说："外面风雪这么大，两位半夜来造访，赶紧进来喝一杯热茶吧！"两个小偷听了，心想：老先生明知我们是小偷，为何对我们这么好？早就听说他是个傻瓜，果真不假！

老先生又亲切地招呼说："进来啊！外面这么冷。"这两个小偷更加确信，他是个痴呆老人，于是大摇大摆地走进屋里。老先生又唤醒女儿，要她烧水泡茶。

老先生对小偷说："实在很不好意思，这么冷的天气还劳驾你们来到这里，感恩你们！"

小偷听了觉得莫名其妙，忍不住问道："老先生，你知道我们来这里做什么吗？"老先生说："知道！但是很抱歉，我虽然有两分多的田地，可是今年歉收，总共才收了这两包米。过去欠你们的，原本就应该还，劳驾你们跑这么远来拿，真的很感恩你们！"说话之间，老先生的女儿端了热腾腾的茶过来，老先生依然淡定地招呼他们喝茶。

此刻，两个小偷被老先生的气定神闲的气度深深折服了，惭愧地说："村里盛传老先生是诚恳待人的大好人，而我们却以为您是傻瓜，实在很惭愧！"老先生依然一脸安详。老先生从内心流露出来的坦然淡定，让小偷很感动，心想，老先生处事泰然，具足定力，内心的修养一定很深厚，于是叩头礼拜说："您的品德这么崇高，我们希望能拜您为师，恳请您慈悲接受！"

老先生淡然一笑，谦虚地说："我和你们一样还在学习中，我们一起来学，相互鞭策鼓励吧！"两个小偷决心改过向善、尊师奉道，很恭敬地拜老先生为师。

从这个故事中，我们可以看到，一个具有定力的人，这种气场使得小偷大为震撼，迷途知返，改过自新。

人生在世，患难沉浮，在纷繁复杂的社会长河中，倘若我们能拥有有事常如无事时的镇定，持身如泰山九鼎的凝然不动的定力，"永不放弃"的强大动力就能帮助我们终结被浩荡的世界潮流所裹挟而迷失的悲剧。不仅如此，"永不放弃"的人生信条还会赋予我们别人无法企及的解决问题的能力。

毛泽东说："一个人做点好事并不难，难的是一辈子做好事，不做坏事。"说的也是这个道理。很多时候，成功与失败往往只有一步之遥，很多人往往输于最后一步，以致功败垂成。成功贵在坚持，要想成就一番事业，就一定要"永不放弃"，多坚持一秒，就会多迈一步，而这一步就有可能奠定了你成功的基础。我们可以接受有限的失望，但一定不能放弃无限的希望。

在一次地震后的混乱和废墟中，一个年轻的父亲安顿好受伤的妻子，便冲向他7岁的儿子上学的学校。当他急急忙忙赶到学校时，只见那栋曾经充满孩子们欢声笑语的漂亮的教学楼已变成一片废墟。

他顿时感到眼前一片漆黑，伤心地跪在地上哭喊着儿子的名字。哭了一阵后，他猛地想起自己常对儿子说的一句话："不论发生什么，我总会跟你在一起！"他坚定地站起身，向那片废墟走去。

他知道儿子的教室在一层楼的左后角处，便疾步走到那里，开始动手清理瓦砾。在清理挖掘时，不断地有孩子的父亲急匆匆地赶来，看到这片废墟，他们痛哭并大喊："我的儿子！""我的女儿！"哭喊过后，他们就绝望地离开了。

只有那个父亲还在不停地挖着，因为他坚信自己的儿子还活着。他挖了4个小时、8个小时、12个小时、24个小时、36个小时，没有人再来阻挡他。他满脸灰尘，双眼布满血丝，浑身上下破烂不堪，到处是血迹。饥饿、疲劳、恐惧同时向他袭来，但他没有停止。到第38个小时，他突然听到从废墟中隐隐约约传出了孩子呼唤的声音。这个父亲兴奋极了，他高声喊道："孩子们还活着，快来人哪！"

一些过路的人听到了他的呼喊，都跑过来帮忙。很快，废墟里的孩子被救了出来。这个年轻的父亲，不但救出了自己的孩子，还救出了另外13个孩子。原来，孩子们都躲在墙角里，屋顶塌下来时，架了个大三角，他们才没被砸着。

许多事实告诉我们，坚持到底就是胜利。在人生的道路上，失败和挫折总是难免的。当你遭遇某种困苦的时候，千万不要轻言放弃，否则，就看不到前方那片亮丽的风景了。

人们常说："世上无难事，只怕有心人。"的确如此。不能因为缺乏骐骥一跃的激情，就想放弃走出那片沼泽；不能因为感觉不到太阳的一丝温暖，就想放弃寻找一片晴空；不能因为唱不出优美的旋律，就想放弃高歌一曲。坚持着，不要轻言放弃，你的梦想就与现实更近一步。也许你的轻易放弃，就会与机遇擦肩而过。滴水穿石，全在于它一点一滴、不偏不斜地打在同一位置，这就是坚持的结果。要相信，风雨过后，眼前会有美丽的水天一色；荆棘过后，前面就是铺满鲜花的康庄大道。在这个世界上，一星陨落，黯淡不了星空的灿烂；一花凋谢，荒芜不了整个春天。因此，人生要尽力度过每一关，不管遇到什么困难，都要"永不放弃"。

当你很累很累的时候，你应该闭上眼睛做深呼吸，告诉自己你应该坚持得住，不要这么轻易的否定自己，谁说你没有好的未来，关于明天的事后天才知道，在一切变好之前，我们总要经历一些不开心的日子，不要因为一点瑕疵而放弃一段坚持，即使没有人为你鼓掌，也要优雅的谢幕，感谢自己认真的付出。

只有坚韧，才能成功

生活中的许多苦难，让我们学会了承受，学会了担当，学会了在泪水中挺立自己的灵魂，学会了在坚韧中亮化自己的人格。生活从来都是波澜起伏的，命运从来都是峰回路转的，因为有了曲折和故事，我们的生命才会精彩。有时候，哭泣，不是屈服；后退，不是认输；放手，不是放弃；沉默，不是无话可说。

“有志者，事竟成，破釜沉舟，百二秦关终属楚；苦心人，天不负，卧薪尝胆，三千越甲可吞吴。”坚韧的过程，就是积蓄力量的过程。坚韧，需要顽强的意志来作为支撑。顽强的意志是成就梦想的可靠保证。只有拥有顽强的意志，我们才能不为困难所吓倒，才能不为逆境所屈服，才能从容面对各种险恶，才能奋起抗击各种不幸。

成功学大师卡耐基告诫人们，机遇往往垂青那些具有坚韧品质的人，因为具有这种品质的人才能克服一切艰难困苦，劈波斩浪，到达成功的彼岸。

巴雷尼小时候因病成了残疾，母亲的心就像刀绞一样，但她还是强忍住自己的悲痛。她想，孩子现在最需要的是鼓励和帮助，而不是妈妈的眼泪。母亲来到巴雷尼的病床前，拉着他的手说：“孩子，妈妈相信你是个有志气的人，希望你能用自己的双腿，在人生的道路上勇敢地走下去！好巴雷尼，你能够答应妈妈吗？”

母亲的话，像铁锤一样撞击着巴雷尼的心扉，他“哇”的一声，扑到母亲怀里大哭起来。

从那以后，妈妈只要一有空，就帮助巴雷尼练习走路，做体操，常常累得满头大汗。有一次妈妈得了重感冒，她想，做母亲的不仅要言传，还要身教。尽管发着高烧，她还是下床按计划帮助巴雷尼练习走路。黄豆般的汗水从妈妈脸上淌下来，她用干毛巾擦擦，咬紧牙，硬是帮巴雷尼完成了当天的锻炼计划。

体育锻炼弥补了由于残疾给巴雷尼带来的不便。母亲的榜样作用，更是深深教育了巴雷尼，他终于经受住了命运给他的严酷打击。他刻苦学习，学习成绩一直在班上名列前茅，最后以优异的成绩考进了维也纳大学医学院。大学毕业后，巴雷尼以全部精力，致力于耳科神经学的研究，最后终于登上了诺贝尔生理学和医学奖的领奖台。

磨难使得小巴雷尼以坚韧的性格战胜了人生的磨难，同时也让他攀上了事业的高峰。生活中，坚韧不单单体现在对命运的抗争上，更是一种工作和生活的态度。

克尔曾经是一个不错的新闻记者，他在一家知名的报社当记者，但他觉得做记者体现不了他的人生价值，他需要一个更有挑战性的职业，于是，他选择了广告业务这个职业。于是他辞去现有的工作，在同事和朋友诧异的目光中，来到另外一家报社，当了一个广告业务员。他对自己很有信心，向经理提出不要薪水，只按自己的业绩抽取佣金，经理当然乐意答应他的要求。

他从经理手里要了一份客户名单，但这份名单比较奇怪，上面的每个企业都是有实力的企业，但是在这以前，报社去的每个广告业务员都无功而返。所有的同事都认为那些客户是不可能与他们合作的，但克尔并不这样认为。

每次当他去拜访这些客户前，克尔总是先把自己关在屋里，站在一个大镜子前面，把客户的名称和负责人的名字默念

10遍，接着信心十足地说："一个月之内，我们将有一笔大交易。"

他坚定的信心成为他成功的催化剂。仅在第一天，就有三个所谓"不可能的"的客户和他签订了合同；到那个星期五，又有两个客户同意买他的广告；一个月后，名单上只有一个名字后面没有打上钩。

第二个月，克尔在拜访新客户的同时，每天早晨，只要拒绝买他的广告的那个客户的商店一开门，他就进去请这个商人做广告，但是每次这位商人都面无表情地说："不！"可是每次，当这位商人说"不"时，克尔都不放在心里，然后继续前去拜访，就像拜访新客户一样。

很快又一个月过去了，连续对克尔说了60天"不"的商人突然有了兴趣与他交谈几句："你已经在我这里浪费了两个月的时间，事实上我什么也没有给你，我现在想知道的是，是什么让你坚持这样做？"

克尔说："我当然不会故意到这里来浪费时间，我是到这里学习的，你就是我的老师，我从你这里学习如何在逆境中坚持，事实上我们都在坚持。"那位商人点点头，对克里的话深表赞同，他说："其实我不得不承认，我也一直在学习东西，你也是我的老师。我们都学会了如何坚持，对我来说，这比金钱更加宝贵，为了表示我的感激之情，我决定买你一个广告版面，这是我付给你的学费……而不是……我放弃坚持。”

在商人很有礼貌的“退让”下，名单上最后一个“钉子户”被拔除了。当他把画满钩的名单交回给经理时，经理顿时站了起来，向这位杰出的广告业务员表示敬意。他说：“以你的能力，不应该继续做一个业务员，所以，我将向社长提议，专门为你成立一个部门。”

第三个月的第一天，以克里为经理的广告二部成立了，30多个员工成了克里的下属。在这里，克里找到了一个最适合自己发展的全新空间。

新入职的的销售都有一定的惯性思维，认为长期不能跟自己建立合作的公司一定是有更优秀的合作伙伴，或者有更加合适的价格政策。因为在自己接手这份工作之前，必然已经有成百上千的销售已经被残酷的现实所击垮了，要不也不会轮到我来做这件事，这个道理是显而易见的。

但是事实往往与表面所看到的截然相反。正因为没有合作的机遇，所以你就需要更加真诚的行动和心中坚韧的信念去赢得所有客户的尊重，这样才是通往成功的正确道路，见硬就回最终只能让自己一败涂地，被别人拍在沙滩上。

在人们的生活和事业中，往往会因为缺少这种精神，而与成功擦肩而过。优秀的人总是坦然地面对一时的失利，然后一直坚持到胜利来临。因此拒绝脆弱，练就坚韧的品质，是最终通向成功的重要因素。谁能扛得住，谁就赢了。

皮浪是古希腊怀疑派哲学家。有一次皮浪在船上遇到风暴，他的弟子和同船的人都很害怕，他们担心风暴会将船吞噬在茫茫的大海。

于是有的人开始找绳子和木头，系在自己的腰间，希望在船沉没后获救；有的人紧握船舷，找寻着沉船后游泳的方向；有的人开始检查自己的水壶，看看有没有足够的淡水。

就在这时，皮浪发现，在夹板一侧的一头猪还在津津有味地吃着东西。

于是皮浪指着船上的猪，大声疾呼说："聪明人应该像这猪一样不动心。"

众多哲人的智慧不如一头猪么？也许大家见了这个问题都会发笑，但是皮浪在这头猪上发现的是真正智慧，就是我们所说的坚韧的信念。我们在面对危机的时候总会想方设法地让自己摆脱危难，但是事实上，我们最需要做的其实是镇定，真正解决问题的是我们内心的强大定力。没有了定力，我们就会因恐慌而胡思乱想，乱作一团。拥有定力，会在我们烦恼和动摇的时候内心宁静，坚持自我，找到问题的突破口。

因此，坚韧是我们获得成功的重要法则。

孔子说："巧言乱德。小不忍则乱大谋。"（《论语·卫灵公》）

这句话包含着传统文化中让我们坚韧起来的重要信息，那就是：生活中，我们要如何学会忍耐，从而铸造自己坚韧的性格。

在中国传统的观念里，坚韧的性格是一种美德。

人生不可能总是风调雨顺，当遇到不如意、不痛快，甚至是灾难时，一个人的忍耐力往往就能发挥出奇制胜的作用。很多时候，因为小地方忍不住，而害了大事，这是得不偿失的。

有人说，忍耐就是一种妥协。其实，妥协不是简单的让步，而是在知己知彼的基础上达成了一种共识。不管是生活，还是工作，妥协都不仅仅是为了"家和万事兴""安定团结"，而且还隐藏着一种坚持，这种坚持实际上就是一种坚定的决心。

人，贵在能屈能伸。伸，很容易，但屈就很难了，这需要有非凡的忍耐力才行。只要这个人真正有智慧，有才干，不管他忍耐多久，终究会有出头之日，而且他的忍耐力反而会更加富有魅力和内涵。人生很多时候都需要忍耐，忍耐误解，忍耐寂寞，忍耐贫穷，忍耐失败。持久的忍耐力体现着一个人能屈能伸的胸怀。人生总有低谷，有巅峰。只有那些在低谷中还能坦然处之的人，才是真正有智慧的人。走过低谷，前面就是海阔的天空。回过头来，那些在低谷里忍耐的日子，那些在苦难中挣扎的日子，那些在寂寞里执着的日子，都会显得弥足珍贵。

练就自己坚韧的性格，学会忍耐，学会运用自己清醒的头脑，学会不向眼前的困难低头，这是一种多么宝贵的人生财富啊！

生活里的磨砺很多，不只需要我们一个友好的态度，还需要我们一个坚韧的勇气。有人宠着，我们才放任自己尽情脆弱。若只有自己独自一人，在遇见任何事时，哭也是哭给自己看，没人给你擦眼泪，也没有人哄你。唯有变得坚韧强大，才能熬过那些难过的时刻。而真正的坚韧，应该是哭的时候要彻底，笑的时候要开怀，说的时候要淋漓尽致，做的时候不要犹豫。

第五章

行动吧，从改变自己开始

人生在世，

要时刻思考人生。

虽然命不可更改，

但运是可以改变的。

当你无法改变环境时，

改变自己。

很久以前，有一位国王，他统治着一个富裕的国家。有一次，他到一个离王宫很远的地方旅行。回到王宫后，他不停地抱怨脚非常痛，他以前从未走过那么长的路，更何况他所走的路异常崎岖难行。于是，愤怒的国王向天下发布诏令，让百姓用皮革铺好每一条道路。显然，这要用掉无数张牛皮，花费巨额的金钱。这时，一位大臣冒着触犯国王的危险进言道："陛下，为什么要花那么多不必要的金钱呢？你何不剪一小块牛皮包在自己的脚上呢？"听了大臣的话，国王很惊讶，但略加思考，他就接受了这个大臣的建议。

故事说到这里，已经引入了本章的主题，我们每个人都犯过国王的错误，那就是想通过自己的行动改变世界。这种想法原本无可厚非，但是人更应该做的就是审视自己的内心。

投资大师巴菲特说过："人生在世，要时刻思考人生。虽然命不可更改，但运是可以改变的。""当你无法改变环境时，改变自己"。

在我们封闭了自己的内心，抱怨世界的不公，计较生活中的得失，从而让自己郁郁寡欢时，我们是否认识到了让自己距离幸福越来越远的不是别的原因，而是来自我们的内心？

学会改变自己

在相同的境遇下，不同的人会有不同的命运。一个人的命运不是由上天决定的，也不是由别人决定的，而是自己。一个人若想改变自己的命运，最重要的是要改变自己，改变心态，改变环境，这样命运也会随之改变。

如果要抱怨世界，可以找100个理由，但世界不会因为我们找了这些理由而发生百分之一的变化。可是如果改变自己，只要今天去做，或许明天就会发现自己身上已经发生了翻天覆地的变化。所以，埋怨环境，不如改变自身。改变虽然是痛苦、困难的过程，但这就是一个成长的必经之路，就像毛毛虫的一生，要经历一次又一次的蜕皮，然后吐丝、结茧，总有一天要艰难地冲破厚厚的茧，承受长时间的苦痛，但苦痛之后，破茧而出，张开大大的翅膀，变成美丽的蝴蝶。

改变不是要你放弃自己的原则，而是让自己有更多的契机更多的方法来实现自己的理想。改变不是妥协，是一种以退为进的明智选择。现实中有许多事情都如同大山一样，是我们无法改变，或至少暂时无法改变，那么当我们无法改变环境时，就勇敢地改变自己吧！

有人做过这样一个实验：

如果将一只青蛙猛然扔进一桶沸水中，青蛙一接触到沸水就会迅速地跳出来；如果将青蛙放在冷水中，然后给水慢慢加温，青蛙就会舒展四肢，慢慢享受温水浴，最后直到水沸腾的时候，它却跳不出来了，因为它已经被煮死了。

这个实验启示我们：面对客观世界的改变，每个人都应该有改变自我的自觉，随着环境不断改变自己，否则，老是停留在过去的不变的安逸状态，必将遭到淘汰，像青蛙一样慢慢地被煮死。

当然，改变自己并不是要你完全放弃自我，而是在坚持自我的同时，改掉那些错误和不足，改变心态并进一步弘扬自己的优点和长处，才能实现自己的进步、完善、成长和成熟；只有随时自省、激励自己，努力扬长避短、发挥自己的潜能，才能在与人相对而坐时，具备一种强烈的吸引对方的魅力。所以，我们永远不要拒绝改变自己。

有一个小伙在街上闲逛，看到一间小店人很多，便不由得走了进去。店主是个年轻的女孩子，热情地招呼他："您想要什么款式的？看看有没有合适的。"

小伙随便看着，看中了一条牛仔裤，试穿后，感觉与自己想象的不一样，不是很满意。年轻的女孩子将衣服收好，又拿出另外一件让他试。其间，不断地有人在试穿衣服，女孩子总是微笑着将弄乱的衣服重新整理好。那个年轻人几乎试遍了那间小店他认为是合适的衣服，却总是有这样那样的问题让他不是很满意。最后，他一件衣服也没有买。离开店面时，小伙自己都感觉很不好意思，年轻的女孩子说："没关系的，不合适的，当然不能买啊，花了钱就是要买到满意的。这样吧，如果不介意，留下你的电话，我进货的时候找找有没有你喜欢的那种衣服，给你带一件。"

年轻人没有在意，随手写下了自己的电话号码，之后，他很快也就忘了这件事。突然有一天，他看到手机上一个陌生的号码，一个年轻的女孩子的声音，问他是不是还需要那样的一件衣服，她帮他带了一件，看是不是他需要的那件，如果方便可以到店里来看看，如果没时间，她就给快递过去。

小伙看到那件衣服时，非常高兴，这正是他在杂志上看到过的自己想要的那种！此后，他们成了好朋友。年轻人常常让女孩子帮忙带衣服给他，他对朋友们戏称他有了个"御用"的买衣服的人。在大家都认为生意难做，钱不好赚的时候，这个女孩子的小店，却总是顾客盈门。

相处时间久了，小伙很奇怪女孩子为什么能做到总是笑脸迎客，总是那么开朗积极，她是怎么做到的呢？自己为什么做不到呢？

女孩子说，以前，她也常常抱怨生活的不如意，工作的辛苦，是她的一个老师让她对自己做出了改变。一次，她到老师家去请教一个问题。到了老师家的时候，老师正在吃晚饭，晚饭很简单，清炒胡萝卜、熘肝尖儿、一小碟泡菜，浓香的粥。老师的家也收拾得一尘不染。老师看到她来了就热情地招呼她一起吃饭。边吃边聊的过程中，女孩说到了自己不开心的事，老师一直微笑倾听。老师说，你相信什么就会得到什么，如果你快乐就会得到快乐，如果你觉得自己不幸，真的就会遇到不幸的事。因此，人要快乐，就要对自己做出改变

女孩子说，那一刻，她忽然感受到了生活，她从老师那里回到自己住的地方做的第一件事就是把小屋打扫干净。然后，尝试着给自己做出可口的饭菜，并且下定决心善待她遇到的每个人，每件事。

改变自己，就如我们每年年终的“大扫除”，这时我们都要对屋里屋外进行一次彻底的清理，当你满头大汗地将有用的东西一件件地整理好，需要丢弃的东西都堆放一旁时，你一定会很惊讶自

己在过去短短一年内，竟然积累了这么多的东西。然后懊悔自己为何之前不花些时间整理，淘汰一些不再需要的东西，如果那么做了，今天就不会累得连腰都直不起来，打扫起来如此费劲了。

我们从这个教训中总结出这样一个道理：人一定要随时清扫、淘汰一些不必要的东西，日后才不会变成沉重的负担，才有可能给自己腾出改变、进步的空间。

在人生道路上，我们几乎随时随地都得对自我进行“垃圾清理”。心灵的清扫是一个挣扎与奋斗的过程，是一个战胜自我的过程。不过，你可以告诉自己：每一次的清扫，并不表示这就是最后一次。而且，没有人规定你必须一次全部扫干净。你可以每次扫一点，但你至少应该丢弃那些会拖累你的东西。

人的一生不可能总是一帆风顺，总会遇到许许多多的挫折和失败，每个人也都有自身的缺点和毛病，所有这些都迫使我们不得不“丢掉旧我，接纳新我”，随着时间随着环境去改变自己，把自己“清扫”一遍。

波恩和嘉琳是一对孪生兄弟，他们年轻帅气，可是在一次火灾事故中，他们失去了一切，他们是此次火灾中仅生存下来的两个人。当消防员将他们从废墟中救出后，很快被送往当地的一家医院，虽然两人死里逃生，但大火已把他俩烧得面目全非。

波恩每天发愁于自己的容貌，不知道以后还怎么见人，又有谁愿意要自己，该如何养活自己呢？想到这些他就对生活失去了信心，经常自暴自弃地说：“与其赖活着，还不如死了算了。”

嘉琳努力地劝波恩：“这次大火只有我们得救了，我们应该更加珍惜我们的生命，让我们生活得更有意义。”

兄弟俩出院后，波恩还是忍受不了别人的冷眼，偷偷地服了安眠药离开了人世。而嘉琳独自一人却艰难地生存了下来，无论遭到什么样的冷嘲热讽，他都咬紧牙关挺了过来，嘉琳一次次地暗自鼓励自己：“我生命的价值比谁都高贵。”

有一天，嘉琳还是像往常一样送一车棉絮去加州。下着雨，路很滑，嘉琳车开得很慢。此时，嘉琳发现不远处的一座桥上站着一个人。嘉琳的紧急刹车，车滑进了路边的一条小沟。嘉琳还没有靠近年轻人的时候，年轻人已经跳下了河。年轻人被他救起后，又连续跳了3次，直到嘉琳自己差点儿被大水吞没。

没想到的是，嘉琳救的这位年轻人竟是亿万富翁，富翁很感激嘉琳，便和嘉琳一起干起了事业。

很快，嘉琳从一个积蓄不足10万元的司机，成为一个拥有3.2亿元资产的运输公司的总裁。

几年后医术发达了，嘉琳用挣来的钱修整好了自己的面容。

其实，我们每个人都想过更好的生活。但是像波恩一样，因为自己承受了打击，就认为从此命运无法改变，可是不在逆境中试着改变自己，好运又怎么会无缘无故地敲门呢？天下没有免费的午餐，只有付出才有收获。你可以选择你想要的生活，抱怨只会让事情更糟糕；你可以选择不停地抱怨别人，也可以选择自己做出改变。它不一定要你完全改变你过去的所有，一个念头的转变，一个心态的转化，一点行为的修正，然后让自己慢慢拥有良好的习惯，就会给你带来好的机遇。改变的力量可以来自权威，也可以来自自己的内心。

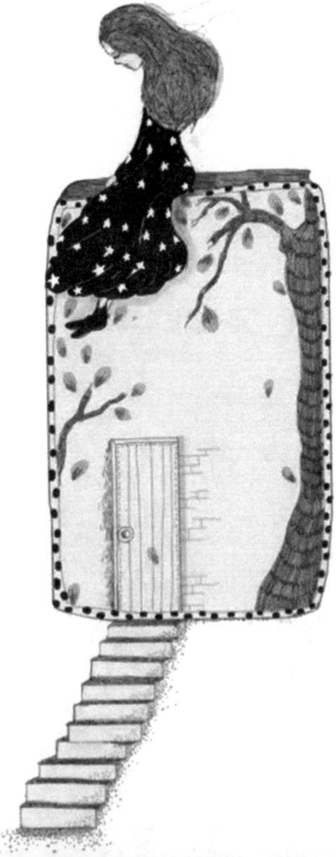

德国科学家格利雅，1912年诺贝尔化学奖得主，看着他所取得的成就，也许你不会想到他也曾有一段混混沌沌、误入歧途的日子。那是他还年轻的时候，在学校里他是一名糟糕的学生，从学校毕业后，也不好好工作，整日游手好闲，到处寻欢作乐。

一天，21岁的格利雅去参加一个盛大的舞会，在舞会上，他看到一位秀丽端庄的小姐，顿时被她的迷人气质所吸引，于是走到她面前，礼貌地说了声：“小姐，我想请您跳支舞可以吗？”没想到，那位小姐好像没有听见他的邀请似的，绷着脸不予理睬。格利雅再次躬身并大声说：“尊敬的小姐，我想请您跳支舞可以吗？”小姐冷眼看了他一下，说了一句令格利雅一生都难以忘怀的话：“我最不喜欢与您这样的花花公子跳舞！”

这句话犹如惊雷，震醒了格利雅。他突然感到，自己在饱食终日、无所事事的游玩中浪费了多少青春岁月。等明白了这些后，格利雅悔恨交加，之后他给家里留下一个“你们不要来找我”的纸条，便奔向里昂城求学了。

经过两年的努力，格利雅不但补上了荒废了的学业，而且作为插班生考入了里昂大学化学系。在大学里，他如同重生一般，变得异常勤奋，而且常有精辟的见解。在名师指导下，他于1901年完成了金属镁有机化合物制备论文，获得里昂大学博士学位。

后来，他又发明了格氏试剂，成为对有机化学研究领域影响深远的发明。为此，瑞典科学院于1912年授予格利雅诺贝尔化学奖。从格利雅遭到那位小姐的冷落到他获得诺贝尔化学奖，中间经过了整整20年。当家乡父老知道他获得诺贝尔奖时，还专门召开大会庆祝这位昔日不学无术的纨绔子弟在短短8年时间内成为出类拔萃的博士。在庆祝大会上，格利雅热泪盈眶地表示：“过去的纨绔子弟格利雅已经死了，今天的格利雅要更加奋发，取得更大的成就来报答家乡父老对我的期望。”

露丝·罗茜曾经说过，我们必须首先改变我们自己，消除一切不良因素，才能享受由于成功带给我们的美好生活的乐趣。

从这一观点来看，我们不妨打开内心的门窗，积极调整自己，改变我们的不足，迎接这个变幻莫测而又异彩纷呈的世界。现在开始，对自己做出改变，不要嫌晚。知道了自己要改变的地方，就坚决去改变。如果你现在就开始改变自己，你会发现你正在改变世界，世界也变得更加明亮。

或许，下一个改变世界的人不是别人，就是你。

如果一个人先从自己的思想上开始奋斗，那么他就是个有价值的人。你，改变思想，思想也会改变你，改变你的人生道路，无论是物质上的贫穷还是精神上的贫穷，只要拥有一颗不甘平凡的积极向上的心灵，乐于从思想上改变自己，那么你的目光有多远，路就有多远。

接受人生的不公平

人，来到这个世界上，便预示着承受，承受坎坷，承受磨难，承受不开心，承受不幸。面对遭遇与折磨，我们总是习惯性地选择抱怨，总感觉上天是如此不公平，而走过沧桑，回过头，你会发现：每一种承受，何尝不是一种人生的历练，何尝不是一种生命厚度的累积呢？人生就有许多这样的奇迹，看似比登天还难的事，有时轻而易举就可以做到，其中的差别就在于非凡的信念。

在生活里，在人生中，不必刻意去追求所谓的完满，也不必为世界的纷杂而纠结，试着去容纳那些不足，把自己的希望值降低到一个适当的坐标，你就会发现，极为理想极为纯情极为完美的生活，原本就难以得到，一种极为真实极为现实的生活却展现在眼前，有谁不愿意自己爱情和事业都如自己的心愿？相反命运就是这么捉弄人，人生和世界永远与完美无关，所以，不必为这些不完美而伤感！ 人生如梦却不是梦，这个世界虽然有时候让人怎么也琢磨不透，但是我们仍然要认真的面对属于自己的每一天。

我们不能左右天气，但可以改变心情，不能选择容貌，但可以选择心灵！没有蓝天的深邃，可以选择白云的飘逸，没有大海的辽阔，可以选择小溪的幽雅，没有原野的芬芳，可以选择小草的翠绿！ 每个人在出生前都是一个完美的苹果，老天爷忍不住在每个苹果上都咬了一口，于是人们有了缺点，更重要的是，老天爷给了人们为人生中未知的辉煌奋斗的动力，只要有健全的体魄，就有创造成功的可能；只要在你的缺陷上勇敢地站起来，无怨无悔地去奋斗。世界不是一片净土，所以人生又何必太伤感，平坦的人生不会有太多的美好回忆，反之，坎坷的人生会丰富我们人生的阅历。

有一个阿拉伯的富翁，在一次大生意中亏光了所有的钱，并且欠下了债。他卖掉房子、汽车，还清债务。

此刻，他孤独一人，无儿无女，穷困潦倒，唯有一只心爱的猎狗和一本书与他相依为命，相依相随。在一个大雪纷飞的夜晚，他来到一座荒僻的村庄，找到一个避风的茅棚。他看到里面有一盏油灯，于是用身上仅存的一根火柴点燃了油灯，拿出书来准备读书。但是一阵风忽然把灯吹熄了，四周立刻漆黑一片。这位孤独的老人陷入了黑暗之中，对人生感到痛彻的绝望，他甚至想到了结束自己的生命。但是，立在身边的猎狗给了他一丝慰藉，他无奈地叹了一口气沉沉睡去。

第二天醒来，他忽然发现心爱的猎狗也被人杀死在门外。抚摸着这只相依为命的猎狗，他突然决定要结束自己的生命，世间再没有什么值得留恋的了。于是，他最后扫视了一眼周围的一切。这时，他不由发现整个村庄都沉寂在一片可怕的寂静之中。他不由得疾步向前，啊，太可怕了，尸体，到处是尸体，一片狼藉。显然，这个村庄昨夜遭到了匪徒的洗劫，整个村庄一个活口也没留下来。

看到这可怕的场面，老人不由心念急转，啊！我是这里唯一幸存的人，我一定要坚强地活下去。此时，一轮红日冉冉升起，照得四周一片光亮，老人欣慰地想，我是这个世界上唯一的幸存者，我没有理由不珍惜自己。虽然我失去了心爱的猎狗，但是，我得到了生命，这才是人生最宝贵的。

老人怀着坚定的信念，迎着灿烂的太阳出发了。

当我们成功并体验其中的喜悦时，是否想过假如失败我们将陷入如何的痛苦？但是，无论怎样痛苦，无论经历了怎样的困境，只要我们用自己的智慧和汗水去接受命运的安排，用坚强的毅力去坦然面对挫折，成功之门总有一天会再次向我们敞开。

我们不停抱怨命运的不如意时，不如心存感恩，将眼前的苦难，看作是自己需要冲破的障碍，心怀感恩地走下去。

比尔·盖茨说过：“人生是不公平的，习惯去接受它吧。这个世界不会在乎你的自尊，这个世界期望你先做出成绩，再去强调自己的感受。” 人的一生，其实和世上万事万物一样，绝对的完美是不可能的，适当的容纳一些不足，人生反而更真实，更美好。吃过黄连，才知甘蔗的甜，感受过风寒，才知道阳光的温暖，遭遇了挫折，才感到人生的美好，不要用最甜最美来要求生活，喜怒哀乐才是五彩缤纷的世界，酸甜苦辣才是多姿多彩的生活。在人生中，有一点点苦，有一点点甜，有一点点希望，也有一点点无奈，生活会更生动，更美满，更韵味悠长。

欧洲某国的一位著名的女高音歌唱家，仅仅30岁就已经誉满全球，而且她拥有一位如意的郎君和一个美满幸福的家庭。一次她举行完一个成功的音乐会后，歌唱家和丈夫、儿子被一群狂热

的观众团团围住。人们七嘴八舌地与歌唱家攀谈起来，赞美与羡慕之词洋溢了整个会场。有人恭维歌唱家少年得志，大学刚毕业就走进了国家级剧院，成了一名主要演员；有的人恭维歌唱家25岁就被评为世界十大女高音之一，年轻有为；也有的恭维歌唱家有一个优秀的丈夫，而膝下又有活泼可爱脸上永远洋溢着笑容的小男孩。

在人们议论的时候，歌唱家只是静静地听，什么也没有表示。当大家把话说完后，她才缓缓地说："首先我要谢谢大家对我和我家人的赞美，我希望在这些方面能够和你们共享。但是，你们只看到了一个方面，还有另一方面你们没有看到，那就是你们夸奖的活泼可爱脸上总带着微笑的小男孩不幸是一个不会说话的哑巴，而且他还有一个经常要被关在屋里的精神分裂的姐姐。"人们震惊了，你看看我，我看看你，似乎很难接受这样的事实。这时，歌唱家又心平气和地对人们说："这一切说明什么呢？恐怕只能说明一个道理，那就是，上帝是公平的，给谁的都不会太多。"

面对命运的安排，虽然完美的生活是每个人都渴望得到的，然而我们所生活的空间却注定是一个不完美的世界。有善良的天使，也有可怕的幽灵；有成功的喜悦，也有失败的痛苦；有鲜花与掌声，也有失败与挫折。但是只要我们用自己的智慧和汗水去接受命运中所安排的这一切，用坚强的毅力去坦然面对挫折，这样，属于自己的真正幸福其实就在自己的脚下。

我们在羡慕别人命运好的时候，有没有想过，其实我们活在这个世界上，没有谁是真正好命和幸运的人。因为，人生的追求不同，感悟不同，奋斗目标也不同，所以我们获得的成就跟荣誉也就不会相同，所以每个人的命运其实都掌握在自己的手里，没有必要抱怨这个世界多么不公。

这个世界本来就是不公平的，我们要么顺从，要么努力把天平倾向自己，否则就别怨天尤人，那没用。别抱怨太阳不公平，你先看看你自己是不是站在阴影里。社会像一个荒凉的山谷，在山脚下我们歇斯底里的呐喊说不公平！但你爬上山顶你往山下望去时，你会觉着很公平。

不计较才是大境界

人生千万别活得太累：应该活得舒心，活得快乐。人生，就是不断的面对，人生很残酷，错过的，不要奢望还会重来，放下了，才知道它的沉重，今天不做的事，往后可能永远没有机会。不要计较太多，努力做好自己该做的，不管是被命运赏识，还是被宿命湮没，只要经历过，就曾快乐过。

有个老木匠准备退休，他告诉老板，说要离开建筑行业，回家与妻子儿女享受天伦之乐。

老板舍不得他的好工人走，问他是否能帮忙再建一座房子，老木匠说可以。但是大家后来都看得出来，他的心已经不在工作上，他用的是软料，出的是粗活。房子建好的时候，老板把大门的钥匙递给他：“这是你的房子。”他说：“我送给你的礼物。”

他震惊得目瞪口呆，羞愧得无地自容。如果他早知道是在给自己建造房子，他怎么会这样呢？现在他得住在一座粗制滥造的房子里！

老木匠正是因为他的贪心与计较，从而让自己失去了舒适和坚固的房子，因此人生在世，得与失我们不能计较得太多。

我们在生活中经常见到一些患得患失的人，或者说是面对付出和回报，总是斤斤计较的人。人生在世，锱铢必较，有的时候真的很难遇上知己，更难以抓住更好的发展机会。《道德经》里有一句话，讲的是“将欲取之，必固与之”。这句话今天看来依旧显得十分精妙，如果你不先付出，怎么能讲索取呢？

得与失之间的平衡，在于人的欲望。中国有一句俗话叫“知足常乐”。佛教的理想是“少欲知足”。孟子有一句话：“养心莫善于寡欲。”是说希望心能够正，欲望愈少愈好。他还说：“其为人也寡欲，虽不存焉者寡矣；其为人也多欲，虽有存焉者寡矣。”欲少则仁心存，欲多则仁心亡，说明了欲与仁之间的关系。

怎么才能使自己的欲望趋淡呢？“仕途虽纷华，要常思泉下的况景，则利欲之心自淡。”常以世事世物自喻自说则可贯通得失。比如，看到天际的彩云绚丽万状，可是一旦阳光淡去，满天的绯红嫣紫，瞬时就成了几抹淡云，古人因此得出结论道：“常疑好事皆虚事”；看到深山中参天的古木不遭斧斤，葱郁蓬勃，究其原因是它们不为世人所知所赏，自是悠闲岁月，福泽绵长，“方信人是福人”。中国的古代，自汉魏以降，高官名宦，无不以通禅味解禅心为风雅，可以在失势时自我平衡，自我解脱。

人生在世，除了生存的欲望以外，人还有各种各样的欲望，自我实现就是其中之一。欲望在一定程度上是促进社会发展的动力，可是，欲望是无止境的，欲望太强烈，就会造成痛苦和不幸，这种例子不胜枚举。因此，人应该尽力克制自己过高的欲望，培养清心寡欲、知足常乐的生活态度。

同理，在得到快乐的时候，也不要忘记“乐极生悲”这句话，适可而止，才能掌握真正的快乐。在很多时候，争取有时虽然能获得一些，但最终失去的更多。大凡美味佳肴吃多了就如同吃药一样，只要吃一半就够了；令人愉快的事追求太过则会成为败身丧德的媒介，能够控制一半才是恰到好处。

“花看半开，酒饮微醉，此中大有佳趣。若至烂漫酕醄，便成恶境矣。履盈满者，宜思之。”意即赏花的最佳时刻是含苞待放之时，喝酒则是在半醉时的感觉最佳。凡事只达七八分处才有佳趣产生。正如酒止微醺，花看半开，则瞻前大有希望，顾后也没断绝生机。如此自能悠久长存于天地畛域之中。

得与失之间，自我权衡的最大法宝其实就是知足。

人往往是知多知少难知足，就像童话《渔夫和金鱼》的故事里的老太婆，要了木梳要木盆，要了木盆要木屋，要了木屋要皇宫，欲望无休止地膨胀，要来要去终究是一场空。

有一个农夫，每天早出晚归地耕种一小片贫瘠的土地，但收成却很少。一位官员可怜农夫的境遇，就对农夫说，只要他能不断往前跑，他跑过的所有地方，不管多大，那些土地就全部归给他。

于是，农夫兴奋地向前跑，一直跑一直跑，一直不停地跑！跑累了，想停下来休息，然而，一想到家里的妻子、儿女，都需要更大的土地来耕作、来赚钱啊！所以，他又拼命地再往前跑！真的累了，农夫上气不接下气，实在跑不动了！

可是，农夫又想到将来年纪大，可能乏人照顾，需要钱，就再打起精神，不顾气喘不已的身子，再奋力向前跑！

最后，他体力不支，“咚”地倒躺在地，死了！

在我们的生活中，到处充满着机会，可以说是能让人丰衣足食。生活中有这么多令人幸福的东西，可我们却变得越来越不幸福。究其原因，就是在权衡得失的时候，没有一颗知足的心。有了贪念，就永远不能满足；不满足，就会感到欠缺。因此，一颗知足的心，是真正的喜悦、真正的宁静、真正的幸福。

其实，我们赚钱，就是为了自己的生活过得好一些。如果只是埋头苦干，没有享受的乐趣，那生活还有什么意义？生活质量的高低，并不完全体现在你拥有金钱的多少和物质利益的多寡上，还有你脸上的微笑，心中的情感。而人生有着太多的不公平，有起点的不公平：有的人是含着“金钥匙”出生的，有的人则生来就是残疾；有的生在穷乡僻壤，而有的人则生在“天子脚下”。有结局的不公平：同样的辛勤付出，有的人抢得先机，而有的人只能向隅而泣；同样的冒险一搏，鹘起兔落之间有的人倒霉，有的人走运。

古人的“布衣桑饭，可乐终身”是一种知足常乐的典范。“宁静致远，淡泊明志”中蕴含着诸葛亮知足常乐的清高雅洁，“采菊东篱下，悠然见南山”中尽显陶渊明知足常乐的悠然，沈复所言“老天待我至为厚矣”表达着知足常乐的真情实感。更多的时候，知足常乐是融合在平平淡淡才是真的意境中。知足常乐，是一种人性的本真，在孩童时代，我们会为拥有自己梦想得到的东西而喜上眉梢，笑逐颜开，烙下一串串深刻的记忆，今日重温，也许会忍俊不禁，无论行至何方，所处何位，知足常乐永远都是情真意切的延续。

一个人的本性追求就是金钱与富贵，但知足常乐却是难得的心态。我们不主张安贫乐道，但我们也不主张一味地追求金钱富贵。一个人知道满足，心里面就时常是快乐的，达观的，有利于身心健康。相反，贪得无厌，不知满足，就会时时感到焦虑不安。用叔本华的观点来说，就会使人生在欲望与失望之间痛苦不堪。

面对现实，我们看到不少铤而走险而落得身败名裂的人正是因为欲壑难填、贪得无厌而走上犯罪道路的。看到这些人的犯罪事实，很多人都会由衷感叹说：“要是他早一点儿收手，大概也不会走到这一步！”不知大家注意到没有，这些感叹所流露的，正是“知足”的思想啊！问题是，一旦受贪欲支配，又哪里会知足，哪里会收得住手呢？所以，“知足”不是没有追求，“知足常乐”更不是平庸的表现。相反，倒是很难得修炼成的德行，尤其是在我们这个物欲诱惑滚滚而来，挡也挡不住的时代。

很多事情都是我们经历过了，才懂得它的弥足珍贵，最主要是我们遗落了那一份拥有时的心旷神怡。现代人匆匆的脚步已定格为一种时代的风景，竞争与挑战接踵而至。在前进的道路上，当我们取得一些成绩的时候，如果我们都能乐由心生，对待困难的工作情绪，就会如阳光般朗朗映照。知足常乐，在烦躁与喧嚣中，会过滤一种压抑与深沉，沉淀一种默契与亲善，澄清一种本真与回归，久而久之，就会步伐轻盈，精力充沛。

在现实生活中，人们难免会因为自身的得失产生各种心理上的不平衡，比如你一直看不起的那个同事加薪升职了，可是你却还在原地打转转，这时你会觉得自己才高八斗、能力出众，可是领导和同事为什么就这样有眼无珠呢？于是你就牢骚满腹，见人便喋喋不休地诉说你的委屈。在你的描述中，你的上司是“妒贤嫉能之辈”，你的同仁是“居心叵测之人”，被提拔者是“溜须拍马、阿谀逢迎之徒”，而你自己，当然是落入鸡窝的凤凰，郁郁不得其志了。你身边的人发财了，买了车，购了别墅，你便义愤填膺，认定他是“贪污受贿徇私枉法，不然怎会赚那么多不义之财”？才貌远远不如你的同事结婚了，可你怎么看他老婆都比你的妻子漂亮，你顿时痛苦不已：怎么又应验了那句“赖汉娶花枝”的古话呢？智商低于你儿子的同事的儿子考上了重点大学，你儿子却名落孙山，你替儿子分担了怀才不遇的悲叹……于是你的生命充满了烦恼和痛苦，生命中的每一天，你都活得太累，太沉重。

其实，你完全可以不必这么不平衡。你也许有才华，但还没有厉害到让上司一眼看出来的程度；你的本事固然很大，但还没有大到叫同事无法比拟的地步；被提拔的同事能力虽然不见得如何了得，但总有比你强的地方。机遇固然重要，但是机遇面前人人都是平等的，还是靠个人的努力来争取成功的机会。

如果你是一个聪明人，即使不能为别人的成功高兴，起码也不必用别人的成功折磨自己，否则不就是有点儿太傻了吗？所有的糊涂都源于你比别人更明白，或许这就叫作聪明反被聪明误吧。其实凡事都用不着那么心理不平衡，庙堂之高，江湖之远，各有所长，何必硬比？拿别人的成功来跟自己的失败相比和拿自己的“高明”去和别人的“懵懂”相比，都是非常不明智的。

我们时常觉得“不开心”，根子就在于我们很少想到我们已经拥有的，却总是想着我们所没有的。轻视乃至忽视自己拥有的，抱怨自己所没有的，人当然就无法快乐起来。

人生无非就是一个得到和失去的过程，只收获不失去是不可能的。人生有得到是正常的，有失去也是正常的，如果你紧紧抓住失去不放，得到就永远也不会到来。放下失败，抓住成功，就可以让生命重放光彩，而这一切，需要你有一颗淡泊名利得失、笑看输赢成败之心。个性乐观的人对得失看得很淡，他们认为“得”是劳作的结果，无论劳心劳力，“得”都是心愿的实施，了得了心愿，却难免会失去追求。得到功名利禄的时候，满心喜悦，但同时也失落了沉思与警醒；得到婚姻的时候，爱情的光芒免不了黯淡；得到虚荣的时候，灵魂却在贬值；失去最爱的时候，便是得到永恒的寄托；失去依赖的时候，便得到人生必备的磨砺；失去憧憬的时候，便得到现实的选择。

对得与失的认知，看似平淡，却折射出一种对人生使命的思考，对物质和精神关系的透彻理解。人获得了生命，到最后还不是要归于尘埃？所以大可不必在得到与失去之间苦苦地挣扎、徘徊。该是你的，迟早都是你的；不该是你的，不管你怎么费力也不会得到。得到的时候，不要得意忘形，因为一时的得意，并不代表永久的得意，要看清前方的路；失去的时候也不要悲观沮丧，谁都有不如意的时候，重要的是振作起来，谁都有重新来过的机会，谁也不能证明你就不行。天下万事万物都有正面和反面两个极端。你得到了金钱，同时你就可能会失去休闲的时间，会失去健康的体魄；你失去了爱情，同时你可能就会获得与人相处的智慧，懂得如何去关心别人，爱护别人，为你日后获取另一份爱情打下坚实的基础。得失之间，需要你细细地去品味和权衡。得到的时候，不要张狂失态；失去的时候，不要太过计较。

人的一生，就是得与失互相交织的一生，为什么我们不能泰然处之，用浪漫的眼光去看待呢？人生本来就是得中有失，失中有得，有所失才能有所得。人生处世的一大禁忌，便是患得患失。自古以来，在芸芸众生中，既有超然物外者，也有患得患失者。前者是一种健康而积极的人生态度，奉行这种人生态度的人，往往容易体会到心灵的自由和满足，能够过着悠然洒脱的生活，充分享受人生的尊严和快乐。后者则是一种病态消极的处事心理，这种人往往终日在得与失的罗网里钻来钻去，无法得到内心真正的超脱自在，更无法体悟到人生真正的快乐滋味，这就是人们常说的“患得患失常戚戚，超然物外天地宽”。

人生在世，有所得，必有所失，两者总是很难兼顾的。因此，在生活中，对于所拥有的，要珍惜，要知足；对于那些不该得到的东西，切勿不择手段，一味奢求；对于失去的东西，不要耿耿于怀，老是放不下。这是精明、智慧和机智的生活态度。当然，在得失问题上，还要弄懂弄通两者之间相辅相成的关系。这正是祸福相依相成的道理。所以对得失，尤其对功名利禄方面的得失，应该豁达一些，淡泊一些，千万不可太介意，太看重。

过于注重个人的得失，会使一个人变得心胸狭窄，目光短浅。人在患得患失间不但会失去欢乐，还会失去机会，失去把握人生方向的能力。塞翁失马，焉知祸福？祸往往与福同在，福中又往往潜伏着祸。得到了不一定就是好事，失去了也不见得就是坏事。

得与失都是你迟早的经历，如果在得与失中苦苦挣扎，那人生未免太过无聊。“不以物喜，不以己悲。”古人早在一千年前就得出了这个道理，何况我们今天的现代人？

有一位住在深山里的农民，经常感到环境艰险，难以生活，于是便四处寻找致富的好方法。一天，一位从外地来的商贩给他带来了一样好东西，尽管在阳光下看去那只是一粒粒不起眼的种子。但据商贩讲，这不是一般的种子，只要将其种在土壤里，两年以后，就能长成一棵棵苹果树，结出数不清的果实，拿到集市上，可以卖好多钱呢！

欣喜之余，农民急忙将苹果种子小心收好，但脑海里随即涌现出一个问题。既然苹果这么值钱、这么好，会不会被别人偷走呢？于是，他特意选择了一块荒僻的山野来种植这种颇为珍贵的果树。

经过近两年的辛苦耕作，浇水施肥，小小的种子终于长成了一棵棵茁壮的果树，并且结出了累累的硕果。这位农民看在眼里，喜在心中。虽然因为缺乏种子的缘故，果树的数量还比较少，但结出的果实肯定可以让自己过上好一点儿的生活。

他特意选了一个吉祥的日子，准备在这一天摘下成熟的苹果挑到集市上卖个好价钱。

当这一天到来时，他非常高兴。但当他气喘吁吁爬上山顶时，心里猛然一惊，那一片红灿灿的果实，竟然被外来的飞鸟和野兽们吃个精光，只剩下满地的果核。

想到这几年的辛苦劳作和热切期望，他不禁伤心欲绝，大哭起来。他的财富梦就这样破灭了。在随后的岁月里，他的生活仍然艰苦，只能苦苦支撑下去，一天一天地熬日子。

不知不觉之间，几年的光阴如流水一般逝去。一天，他偶尔之间又来到了这片山野。当他爬上山顶后，突然愣住了，因为在他面前出现了一大片茂盛的苹果林，树上结满了累累的果实。

这会是谁种的呢？在疑惑不解中，他思索了好一会儿才找到了一个出乎意料的答案：这一大片苹果林都是他自己种的。

几年前，当那些飞鸟和野兽吃完苹果后，就将果核拉在了旁边，经过几年的生长，果核里的种子慢慢发芽生长，终于长成了一片更加茂盛的苹果林。

现在，这位农民再也不用为生活发愁了，这一大片林子中的苹果足可以让他过上温饱的生活。

生活中，一扇门如果关上了，必定有另一扇窗打开。失去了这种东西，必然会在其他地方有所收获。关键是，你要有乐观的心态，相信有失必有得。要舍得放弃，要正确对待你的失去，失去才能得到，有时失去也就是另一种获得。

在患得患失中度过一生的人，他的生活无时无处不充满忧虑，生命也因此衰老得更快；而在不患得患失中的人，他的生活时时刻刻充满乐趣，因而他的生命也活得久长。精神的力量传递给肉体、感染着肉体，美好的情绪既能使人快乐，也能使生命延伸。就让活得长久、过得快乐的艺术成为每一个人的座右铭吧，它可以使人生充满快乐。

一个人为了实现自己的人生目标，体现自己的人生价值，暂时放弃一些物质上的享受，去追求让更多的人过上舒适幸福的生活，这种精神不仅让人尊敬，而且那种目标达成后的精神愉悦，是一般人所体验不到的，是超越物质的更高层次的精神满足和享受。

痛苦是比较出来的，幸福是珍惜得来的。越是计较，心理越不平衡；越不平衡，烦恼越多，我们因此变得不从容。世上没有一件工作不辛苦，没有一处人事不复杂。不要随意发脾气，谁都不欠你的。学会低调，取舍间必有得失，不用太计较。学着踏实而务实，越努力越幸运。当一个人有了足够的内涵和物质做后盾，人生就会变得底气十足。

守旧创新两重天

领袖和跟风者的区别就在于创新，你的时间有限，不要大量浪费在模仿别人这种事上。强者独领风骚，弱者退出江湖！表面上，职场在洗牌，实则背后在洗人，凡是懒惰懈怠的，投机倒把，心态不佳的，故步自封的，害怕改变的必将被淘汰！未来属于既敬业、又懂趋势、又懂得规矩、还能与时俱进，不断创新的有责任感的时代精英们！

在广阔的草原上，有一对天敌，那就是食狼鹰与草原狼。食狼鹰捕食草原狼的时候，通常是用一只爪子抓住狼的后背，待狼一回头一看，食狼鹰就用另一只爪子戳瞎狼的双眼。鹰用这个方法百发百中，捕食了许多草原狼。可有一只善于改变的狼，它被袭击后偏偏不回头，而墨守成规的鹰一直在等待草原狼回头，狼跑向灌木丛，致使鹰无法飞翔，顷刻间掠食者变成了掠食对象——狼的口中餐。

有两个人，一个体弱的富翁，一个健康的穷汉。两个相互羡慕着对方。富翁为了得到健康，乐意让出他的财富；穷汉为了成为富翁，随时愿意舍弃健康。

一位闻名世界的外科医生发现了人脑交换方法。富翁赶紧提出要和穷汉交换脑袋。其结果，富翁会变穷，但能得到健康的身体；穷汉会富有，但将病魔缠身。

手术成功了。穷汉成为富翁，富翁变成了穷汉。

但不久，成了穷汉的富翁由于有了强健的体魄，又有着成功的意识，渐渐地又积起了财富。可同时，他总是担忧着自己的健康，一感到轻微的不舒服便大惊小怪。由于他总是那样担惊受怕，久而久之，他那极好的身体又回到原来那多病的状态里；或者说，他又回到以前那种富有而体弱的状态中。

那么，另一位新富翁又怎么样呢？

他总算有了钱，但身体孱弱。然而，他总是忘不了自己是个穷汉，有着失败的意识。他不想用换脑得来的钱相应地建立一种新生活，而是不断地把钱浪费在无用的投资里，应了“老鼠不留隔夜食”这句老话。

钱不久便挥霍殆尽，他又变成原来的穷汉。然而，由于他无忧无虑，换脑时带来的疾病不知不觉地消失了。他又像以前那样有了一副健康的身子骨。最后，两个都回到了原来的模样。

人最大的问题就是用自己的老脑筋，坚持自己固化的思想，不转变自己的观念。衣服穿久了要清洗，房屋也要经常打扫洗刷，不断更新其面貌。人的思想也是一样，只有不断更新，向高层次提升，才能够成为人格高贵和精神的富有者。

美国寻金热的时代，吸引了成千上万做黄金梦的人。有些人不惜变卖自己的全部家财，离乡背井，跑到美国去淘金。

有一个异乡人，也把自己在英国家乡的田地卖掉了，只身跑到美国最热门淘金的地方，希望能找到金矿后衣锦还乡。

他首先在当地买了一间屋做栖身之所，安顿之后，便开始他的寻金旅程，每天早出晚归，非常辛苦地到处找寻金矿。开始的时候，他还是满怀希望，相信很快便能找到金矿。可是，日复一日，年复一年，他从一个壮健的中年人，渐渐变成一个老年人，他找寻金矿的事业还是毫无进展。

最后，到他临死的时候，他的寻金梦终于成为泡影，而他亦客死异乡。当他的后人来到他居住的房子，看过他多年来找寻金矿的记录，发觉他除了自己的房子之外，其它四周的土地几乎都挖掘过，始终一无所获。

他的后人灵机一动，何不尝试挖掘这间房子的地底，看看有没有新发现呢？终于，他们在这间房子的地底，找到当时美国最大的金矿，完成了这个异乡人未竟的心愿。

几乎每一条道路上都拥挤着盲目的人群，能够过“独木桥”的人肯定只有少数的幸运者。因此，在许多关键时候，十分有必要换一种做人思路，不再被大流裹挟前进，这样才有可能走出属于自己的“独木桥”来。尽管自己走的也是独木桥，但由于只是一个人走，其难度必然大大降低，这样，独属于自己的“独木桥”也就成了阳关道。

我们来看一个这样的故事：有一天，一个农夫的一头驴子不小心掉进一口枯井里。农夫看在眼里急在心里，他试着放绳子把驴子拉上来，但是由于枯井太深，井口又太小，实在是没人愿意帮他。虽然绞尽脑汁想办法救出驴子，但几个小时过去了，驴子还在井里痛苦地哀嚎着。最后，这位农夫决定放弃，他想这头驴子年纪大了，没准也活不了多久了，不值得大费周章去把它救出来，不过无论如何，也不忍心看着自己的驴子慢慢地在枯井里奄奄一息。于是他决定将这口井填起来。于是农夫便请来左邻右舍帮忙一起将井中的驴子埋了，以结束它的生命，免除它的痛苦。农夫的邻居们人手一把铲子，开始将泥土铲进枯井中。当这头驴子了解到自己的处境时，刚开始叫得很凄惨。但出人意料的是，一会儿之后这头驴子就安静下来了。农夫好奇地探头往井底一看，出现在眼前的景象令他大吃一惊：当铲进井里的泥土落在驴子的背部时，驴子的反应令人称奇——它将泥土抖落在一旁，然后站到铲进的泥土堆上面！就这样，驴子将大家倒在它身上的泥土全数抖落在井底，然后再踩上去。没多久，这只驴子便用驴蹄扒住井口，然后在众人惊讶的表情中快步地跑开了！

我们在生命的旅程中，往往会因为一些像“枯井”这样的困境而放弃希望，但是当我们在面对“倾倒泥沙”这种让人更加绝望的绝境时，却发现“抖落泥沙”这样的转机摆在我们的面前，成为了我们唯一的出路。

因此，解放我们固化的思想，即使是在困难的境地也会有意想不到的生机。其实固化的思想是人生最大的敌人，然而许多事情在不经意间的小成效却成为了改变命运的重要途径。

如果没有坚强的意志和良好的心理素质，就不能正确对待经过多次努力后的失败，就不能承受这种比摧毁人的肉体更具杀伤力的对人的心理和精神的摧毁；没有对自己相当程度的自信心，就不能在挫折和坎坷中重新站起来，并且一直走下去，更不会有在人生的关键时刻放弃大家都走的路而重新选择属于自己的出路的勇气和魄力。

当然，这在不同的条件下具有不同的意义。比如，当社会为个人的重新选择提供了某些新的愿望和意向时，人的重新选择就容易得多。这就是我们经常说的时势造英雄。“时势”一般指时代形势处于变化多端，社会环境处于大动荡大变革时期的社会环境，这种环境实际上等于给一切具有英雄气质的人提供了一个施展才华并且成为英雄的机遇，也就是说，这是一个需要英雄而且必将产生英雄的时代。如曹操的脱颖而出在相当程度上就是时代需要和他个人的努力相一致的结果。

但是，如果社会并没有为英雄的产生提供条件，或者社会正处于相对平稳的发展时期，这时，人们的思想意识也自然会处于相对平稳的状态，这时英雄的产生就比较困难。特别是，当一个人的选择与时代的要求和同时代人的选择相左时，这种选择不但不会为时代所容纳和承认，同时也会遇到来自各方面的阻力。

人的价值的实现途径是多样的，关键是你能否正确地对待自己，客观地评估自己。一个人只有正确而客观地对待和评估自己，他才能够面对现实，对自己的人生之路做出正确的选择。

当人对自己的人生之路进行重新选择时，还应该具有超前意识。也就是说，这种选择应该是以对社会的发展趋势的正确判断和准确把握为前提，而不应是盲目的，这样，你才能保证重新选择的正确性。

不随大流，走自己选择的冷僻路，是一条充满荆棘与鲜花的刺激之旅。要么跌得很惨，要么掌声雷动。人在遇到挫折的时候，不能拘泥于自己固化的思想，要敢于提出新想法，大胆去尝试，这样我们才能在逆境中，开辟一条属于自己的路。

时间让我们沉淀，空间让我们成长。读万卷书，不如行万里路；行万里路，不如阅人无数；阅人无数，不如名师指路。命不能争，运可以造。弱者认命，强者抗命，能者求命，智者造命。复杂的事情要简单做，简单的事情要认真做，认真的事情要重复做，重复的事情要创新做。坚持是一种智慧，固执是一种死板。

“善良”——人性的诗歌

精明的最高境界是厚道，修养的最高境界是善良。在生活中的每一天，你的每一个言行，都在考验着你的品德。心里装着善良，装着宽容，装着真诚，装着感恩，你的生命就充满了阳光。无论遇到任何矛盾，都会首先查找自身的不足加以修正，他人的一切不好，都会在你博大的胸怀中消释。

中国数千年传统文化历来追求一个“善”字：与人处事，强调心存善良之意；与人交往，讲究与人为善；与己要求，主张独善其身。这是做人、为人、处世的根本，也是人生的准则。

在人生大道上，每个人都会遇到许多的困难，需要别人给予帮助。在别人遇到困难时，如果我们付出自己的爱心，助人一把，有时恰恰也是在为自己铺路。

做人应要告诫自己，无论命运怎么安排，无论前路如何坎坷，无论别人怎么对待自己，我们都要始终保持一颗平和善良的心，不怨天，不怨地，不消沉，不放弃；关怀，鼓励，安慰，激励，将使我们的人生更美丽！

有这样一个故事：阿拉伯有位生意人甲，他有一匹非常健壮的马，一天可以跑上千里，是最好的交通工具，因此主人非常爱护它。另外还有一位生意人乙，他每天赶着一群骆驼到处载运货物，他看到甲骑着马，一天之内就可来回运送货物，心里非常羡慕。

一天，乙对甲说："我想用这群骆驼来跟你换这匹马。"

甲回答说："对不起，我不换。"

乙说："只要你给我这匹马，要什么我都可以给你。"

甲说："不管你怎么说，只要我还有这条命在，绝对不愿舍掉这匹马，因为它是我生活中最好的伴侣，所以不能跟你换。"

但是，乙实在很喜欢这匹马，他知道甲很有爱心，有一天，他故意穿得破破烂烂，装病倒在甲要经过的路旁。甲看到有人倒在路边，赶紧下马一看，原来是乙，看他好像得了重病的样子，甲费了很大的力气，把乙扶上马背，要送他去看医生。

乙见计谋已得逞，立刻恢复原貌说："平常我想尽办法要跟你换马，你都不肯割爱，现在我已骑在马上，这匹马就是我的，所以我要骑走了。"

甲平静地说："既然你已骑在马上，马就算是你的，不过请你听我几句话。"

乙说："只要马是我的，听再多的话我都愿意。"

甲说："请谨记在心，以后如果有人问你用什么方法得到这匹马，你一定不能说。"

乙问："为什么？"

甲说："你如果说了，以后若有人病倒在路边，就没人敢搭救了。"

乙听了，顿时感到很惭愧，他赶紧下了马，说："我一念之差，扭曲了人性之善，我把马还给你，请你原谅。"

商人因为利欲熏心，为了达到自己的目的不择手段。但在最后的一刻，人性的善将他唤醒，从而他打消了抢夺那匹马的念头。

生命中的善念，不但可以让我们化险为夷，也能让我们在孤立无援的情况下，获得宝贵的命运财富。

哈维拉出生在一个贫困的英国平民家庭，父亲是一家纺织厂的装卸工人，母亲则靠给当地的绅士家庭浆洗衣服贴补家用。哈维拉家虽然过着清苦的生活，却拥有着美丽而善良的爱心。不论什么时候，只要有乞讨者登门造访，善良的哈维拉的母亲都会倾囊相助。

一次，一个可怜的老妇人上门乞讨，哈维拉的母亲将准备晚餐的几个便士全部赠予了这个可怜的老人，当时哈维拉极其不理解，就站在门旁用惊讶的眼神看着母亲。

“我们一次不吃晚饭没有关系，可是这个可怜女人如果再拿不到一个便士就可能在饥寒交迫中死掉的。孩子，你一定要记住，一颗博大而真诚的爱心，可以让你拥有一切你想得到的东西！”

十几年过去了，在母亲这种一切向善的思想熏陶下，哈维拉也成了一名心怀善念的英俊小伙子。一次，在朋友的化妆舞会上，哈维拉遇见了一位退役陆军上校的女儿哈坎·默顿，美丽的姑娘很快被哈维拉的英俊与善良所征服，两个年轻人坠入了爱河。但上校却因为他的贫穷而不允许他们结婚。上校告诉他说：“孩子，当你拥有1万英镑的时候，再来找我吧，那时我们再谈这件事情。”

1万英镑！这对哈维拉来说，简直就是个天文数字啊。我们不难想象哈维拉在听了上校的话后，内心那种无奈之情该有多深。

这天，哈维拉就带着这种无奈与沮丧之情，去拜访住在他家附近的好友画家桑德，那时他正在画一幅和真人一样大小的乞丐画像，给他做模特的乞丐很老，弓腰驼背，满脸皱纹，身上穿的是破旧不堪的衣裳，只见他一手拄着粗糙的木棍，一手伸出帽子做讨钱状，一副可怜巴巴的样子。“多可怜的老人啊。”哈维拉不由自主地从心底里同情起那乞丐来，而在得知自己的好友画家1小时才给老人付10便士的报酬之后，哈维拉甚至还厌恶起自己的好友来，怪他太吝啬了。

此后不久，有佣人进来告诉桑德外边有人找他，桑德就出去了。老乞丐趁这机会坐在身后的一个凳子上，脸上则依然还保持着原先那种孤独忧伤的神情。这时候，哈维拉禁不住恻隐之心大动，就下意识地伸手摸了摸自己的口袋。哈维拉想看看自己还有几个钱，他觉得这老人一定比自己更需要钱用。结果，哈维拉便摸出来口袋里仅有的1镑金币，上前去毫不犹豫地塞在了老乞丐的手中，然后，他跟刚回到画室来的桑德说了声再见，就离开了……

当然，哈维拉一点儿也不知道接受他这1英镑施舍的人，实际上是当时欧洲最大的富豪之一。“他是大名鼎鼎的豪斯伯格男爵。即使是买下整个伦敦城，他也不会缺少一分钱。真的，他吃饭用的是金碟子。只要他愿意，他就完全能够阻止俄国人卷入战争……他之所以要装作乞丐让我给他画画，只是因为他想知道，自己如果是个乞丐会是怎样的一种模样……”

第二天听了桑德的这一番介绍，哈维拉惊诧得眼睛瞪成了鸡蛋的样子，这同时，想到自己出于同情而施舍给这位富豪的那1英镑金币，哈维拉不禁感到这位富豪一定会在笑话他是天底下最大的傻瓜的同时，还会为他的有眼不识泰山而生气，甚至是要他道歉的。

果然，此后的一天早晨，正当哈维拉吃早饭的时候，斯塔弗·纳尔丁先生——豪斯伯格男爵的信使找他来了。不过，这位信使并不是来要哈维拉向豪斯伯格爵道歉的，他给哈维拉送来了男爵的一封信。男爵的信中这样写道："给哈维拉先生和哈坎·默顿小姐的结婚礼物——一名老乞丐敬上。"

信封里还装着一张1万英镑的支票。而且，那信使还告诉哈维拉，男爵认为他俩的相识是一个十分美丽的故事，因此，他将在经常与自己的朋友们分享这一美丽动人的故事的同时，还决定把哈维拉的那1镑金币当作一笔宝贵的投资，每半年支付给哈维拉一次利息……

虽然说这个世界上并没有什么奇迹，但是世上有的是善意，正是冒充乞丐的富豪体会到了小伙子的善，从而小伙子也通过这样的奇遇，获得了人生的幸福。

由此可见，纵然身在社会，我们都会遇到一些世态炎凉、人心险恶的人间丑态，但是守护心中的那份善良，拥有一颗真诚博大的爱心才是最基本、最重要的。

人们常常想用发现别人的缺点来表现自己，但他们用这种方式表明的只是他们的无能。人越聪明、越善良，他看到别人身上的美德越多；而人越愚蠢、越恶毒，他看到别人身上的缺点也越多。能给别人台阶自己也有台阶，给别人面子，自己越有面子。遮丑是美德，行善得善。

第六章

行动吧，让自己充满正能量

正能量的人，

拥有大智慧，

他们分得清世界的黑白曲直，

不会在人生的道路上跑偏也不会随波逐流。

“正能量”指的是一种健康乐观、积极向上的动力和情感，是社会生活中积极向上的行为。当下，中国人为所有积极的、健康的、催人奋进的、给人力量的、充满希望的人和事，贴上“正能量”标签。它已经上升成为一个充满象征意义的符号，与我们的情感深深相系，表达着我们的渴望，我们的期待。

振翅九霄的苍鹰之所以翱翔于无边的蓝天，是因为它从不满足于一定的高度；参天的巨树之所以屹立千年、枝繁叶茂，是因为它从不满足于拥抱温暖的阳光；人生之所以流下感动的热泪，是因为我们从不满足追求生命中的真善美，从不终止用感恩之心浸润我们的心灵。

面对人生最温暖的关爱，我们无不动容，因此留下了多少感恩的故事。面对人生最闪光的品质，我们守护心间，并将它视为最宝贵的财富，并在彼此间传递下去。

正能量的人，拥有大智慧，他们分得清世界的黑白曲直，不会在人生的道路上跑偏也不会随波逐流。他们不会扭曲事物的本质，不会夸大事情的不利面。他们知道世界运作的原理，明白人人都有优点和弱点，也知道如何去克服人性的弱点和发挥人性的优点。

赞美的力量

赞美和期待有神奇的力量，能改变一个人的行动，是人性当中最高的需求，赞美别人，期待自己，即使狼狈不堪，也要眼中有一缕光。我们都要活的有爱一点，不吝啬给予赞美，不吝啬给予拥抱，不吝啬给予鼓励。

1968年的一天，美国心理学家罗森塔尔和助手们来到一所小学，他们从一至六年级中各选3个班的学生进行所谓“预测未来发展的测验”。之后，罗森塔尔以赞许的口吻将一份“最有发展前途”的名单交给了校长和相关老师：“这些儿童将来大有发展前途”，并叮嘱他们务必要保密，以免影响实验的准确性。实际上这些学生是随机抽取的，结果8个月后，对这些学生进行智能测验，奇迹出现了：凡是上了名单的学生，个个成绩有了较大的进步，且性格活泼开朗，自信心强，求知欲旺盛，更乐于和别人打交道。

美国作家马克·吐温曾经说过："只凭一句赞美的话，我就可以快乐两个月。"日常生活中，每一个人都希望得到别人的赞美。赞美是一种鼓励，赞美是一种肯定。也许一次小小的赞美，就能改变人的一生。作为一名小学教师，我们更应该学会赞美，因为孩子需要赞美。真诚地赞美每一位学生在成长道路上的一串串闪光点，悉心呵护，适时引导，这样枝才会更壮，花才会更美。

希拉里·克林顿多次讲过她在中学读书时的一件往事。

一个春暖花开的中午，希拉里和爸爸在公园里散步。她发现一个老太太紧裹着一件厚厚的羊绒大衣，脖子上围着一条毛皮围巾，那穿戴仿佛是在滴水成冰的三九隆冬。她说："爸爸，你看，那位老太太穿的，真是太奇怪、太可笑了！"

当时爸爸的表情有些严肃，沉默了一会儿说："希拉里，我突然发现你缺少一种本领，就是欣赏别人的本领。这说明你在与别人的交往中，缺少了一些热心和友善。"

希拉里觉得爸爸太小题大做了，很不服气地问："那你不觉得老太太穿得太多了吗？"

爸爸说："恰恰相反，我觉得老太太很值得欣赏。她穿着羊绒大衣，围着毛皮围巾，也许是因为大病初愈，身体还没有完全康复，也许是因为别的什么原因。但你仔细看，她专注地看着树枝上清香、漂亮的丁香花，表情是那么安详、愉快。她是那么热爱鲜花、热爱春天、热爱大自然。我觉得老太太的神情令人感动！难道你不认为她很美吗？”

希拉里认真地观察了之后，觉得确实像爸爸说的那样，从老太太脸上的笑容可以看到她的内心像怒放的鲜花一样。爸爸领着希拉里走到老太太面前，微笑着说：“夫人，您欣赏鲜花的神情真令人感动，您使这春天变得更加美好了！”

老太太似乎有些激动：“谢谢，谢谢您！先生。”随后，她从提包里取出一小袋饼干，一边递给了希拉里一边夸赞地说：“这孩子真漂亮……”

事后，爸爸对希拉里说：“渴望得到欣赏，是人的本性。一定要学会真诚地欣赏别人，因为每个人都有值得欣赏的优点和特点。当你学会真诚地欣赏别人之日，就是你得到别人更多欣赏之时。”

故事是一件生活中的琐事，可是我们也发现了其中的道理，你欣赏别人的同时，别人也正在欣赏你。换句话说，假如年轻的希拉里真的对老妇人的衣着指指点点时，那老妇人也一定会对希拉里的父亲大发雷霆，批评他没有教育好自己的女儿。

所以在我们生活中，遇到别人的缺点，也不要揪住不放；遇到比自己优秀的人，也不要去羡慕嫉妒恨，要保持清醒的头脑去欣赏。

1852年秋天，屠格涅夫在斯帕斯科耶打猎时，无意在松林中捡到一本皱巴巴的《现代人》杂志。他随手翻了几页，竟被一篇名为《童年》的小说所吸引，作者是一个初出茅庐的无名小辈，但屠格涅夫却十分欣赏，钟爱有加。他四处打听作者的住处，最后得知作者两岁丧母，七岁失父，是由姑母一手抚养照顾长大的，屠格涅夫更是给予了极大的同情和关注。

姑母很快就写信告诉自己的侄儿："你的第一篇小说在瓦列里扬引起了很大的轰动，大名鼎鼎、写《猎人笔记》的作家屠格涅夫逢人就称赞你。他说：'这位青年人如果能继续写下去，他的前途一定不可限量！'"

作者收到姑母的信后，欣喜若狂，他本是因为生活的苦闷而信笔涂鸦打发心中的寂寥，并无当作家的妄念。

由于屠格涅夫的欣赏，竟一下子点燃了他心中的火焰，找回了自信和人生的价值，于是一发而不可收地写了下去，最终成为享有世界声誉的艺术家和思想家，他就是《战争与和平》《安娜·卡列尼娜》和《复活》的作者列夫·托尔斯泰。

在社会生活中，每个人都渴望得到别人的欣赏，同样，每一个人也应该学会去欣赏别人。欣赏与被欣赏是一种互动的力源，欣赏者必具有愉悦之心、仁爱之怀、成人之美之善念。因此，学会欣赏，应该是一种做人的美德，肯定了别人也是肯定了自己，诚如爱默生所言：“人生最美丽的补偿之一，就是人们真诚地帮助了别人之后，同时也帮助了自己。”

在生活中，一个习惯欣赏别人的人，一定是个受欢迎的人。培根曾说：“欣赏者心中有朝霞、露珠、常年盛开的花朵；漠视者冰结心城、四海枯竭、丛山荒芜。”列夫·托尔斯泰的成功，是离不开屠格涅夫的欣赏与赞许的，正因为他的支持与鼓励，使得年轻、颓废的托尔斯泰的精神振作起来，潜心于创作，最终成为了一代文豪。因此屠格涅夫也就成了列夫·托尔斯泰的伯乐与贵人。

但是中国的古话讲，千里马常有而伯乐不常有。究竟怎样才能找到自己的贵人呢？有人认为：跟自己吃吃喝喝的朋友越多，自己的人缘就越好。还有人认为：平时帮助自己的人越多，自己的人缘就越好。究竟谁是你真正的贵人呢？那就要看在关键时刻，到底有没有人对你施以援助之手。

有的人，虽然结交的“有用之人”很多，可一到关键时刻，那些“有用之人”却都不见了踪影。这可真应了那句老话：相交满天下，相知无一人。结交贵人，就是要结交那些关键时刻能帮你忙的人。

的确，这个世界上大部分的人都是“锦上添花”的，很少有人“雪中送炭”。这并不是说“锦上添花”不重要。事实上，一个人的事业要想快速成长，就是需要别人锦上添花。所谓“花花轿子人人抬”，才可以让你的事业尽快走向成功。

一位老者曾经回忆起他奋斗的历程。在他的奋斗历程中，令他感慨良深的是创业初期的艰苦。只是为了得到两万美元的资金，他到处求人，受尽了别人的鄙视与讥讽，尝够了人间冷暖、世态炎凉。正当他忧愁不堪的时候，贵人出现了。一位领导慷慨相助，才使他渡过难关。

现在回想起来，这位老者还会激动不已。不过，等到他事业顺利时，当初在最困难时期拒绝借钱给他的朋友们，后来都排着队抢着要求投资。他并没有因为记恨而拒绝，反而认为市场是越开拓越有前景，有钱要大家一起赚，才会获得更多的利润。这位老者，现在已成为当地商界出类拔萃的人物。

从这个事例中，我们可以了解贵人有两个层次的精髓。首先，在一般人事业尚未得到较大发展之时，或是决定胜负的关键时刻，甚至是在落魄的时候，能够找到生命里“雪中送炭”的贵人。在我们生命中最需要人帮助的时候，有人助一臂之力，这样的人才是我们人生最重要的贵人。

其次，当你开始有实力的时候，不要冷冰冰地拒绝锦上添花的人，要善于发挥“锦上添花”的妙用。这是一个讲“人气”的时代，先要有钱大家赚，大家才能够让你再赚更多的钱。

春秋战国时期，齐国的管仲辅佐齐国国君齐桓公成为春秋时代的第一位霸主。归根结底，管仲成功的原因，就由于他的忠诚兄弟鲍叔牙发挥了作用，成了他前途上的贵人。

因为是鲍叔牙说服齐桓公，宽恕了曾经为了帮助公子纠与齐桓公争夺齐君之位而暗杀他的管仲。鲍叔牙劝齐桓公，如果想当天下的霸主，就要放弃私仇，拜曾经伤害过自己的仇人管仲为相。结果，齐桓公相信了鲍叔牙，管仲才得以出人头地。

请善待你身边的人吧。在你的生命中，帮助你、使你走向成功的贵人，往往就在这些人中间。

为了你的生活和事业，你一定要找到你生命中的支持者，并小心翼翼地对待他。毕竟，有支持你的贵人相助，你才能少走弯路，最终获得成功。

批评使人知道什么是错的，但常常让人不知道什么是对的；赞美直接告诉人们什么是对的，尽管他可能不知道什么是错的。因此，赞美当然比批评更直接、更有效。赞美是对一个人的潜意识的认可，同时也是给别人面对人生的最大鼓励，别忘了多对你周围的人说：真漂亮、真棒。

怀抱感恩之心，拥抱快乐

人生就是一次感恩之旅，开心是一种觉悟的境界，我们的生命不是躯体，而是心性；云水不是景色，而是襟怀；日出不是早晨，而是朝气；风雨不是天象，而是锤炼；沧桑不是自然，而是经历；幸福不是状态，而是感受。

美国总统罗斯福，有一次他不幸家里被偷，朋友写信安慰他，劝他不必在意，他却这样回信："我应该感谢那位小偷。第一，小偷偷去的只是我的东西，而没有伤害我的生命。第二，小偷只偷去我部分的东西，而不是全部。第三，最值得庆幸的是，做小偷的是他，而不是我……"

面对如此的不幸，罗斯福却能找出三条感恩的理由，由此看来，感恩是一种行为，是一种积极的人生态度，更是一种睿智的处世哲学。

韩信从小喜读书，有满腹的学识，一心想着能披挂上阵，在战场上建功立业，当个将军。但是在他年轻的时候，却没有人赏识他的才气，很不得志。

那时候，韩信很穷，日子过得很清苦。为了糊口，他经常到江边去钓鱼，碰上好运气，倒也能换些钱勉强度日。可是钓鱼也很不容易，每当钓不到鱼时，他就要饿肚子了。

有一天，韩信又到江边去钓鱼，眼看着已经过晌午了，可是连一条鱼也没有钓上来。韩信又饿又累，没有什么办法，就在那里望着手中的鱼竿发呆。

江边有一位以洗衣为生的老大娘，看到韩信一个人在那里郁郁寡欢，垂头丧气，就十分关心地走过来问："年轻人，你怎么了？有什么事吗？"

韩信抬起头，见是一位慈祥的老大娘在问话，就如实告诉她说："老大娘，我家里没有什么吃的了，想钓几条鱼换点儿钱买吃的，但到现在连一条鱼也没有钓到，这可让我吃什么呀？"

老大娘听了，不由得心生同情，于是就说："年轻人，如果你不嫌弃，就到我家先吃些东西填填肚子吧！"只要有吃的，韩信当然不会嫌弃，于是就收了鱼竿跟大娘去了。

韩信和老大娘一路走一路说着话。老大娘从韩信的话中了解了韩信的家世和抱负，从心里喜欢这个虽然生活困苦但却有理想的年轻人。这以后，老大娘经常送些饭菜给韩信吃。韩信非常感激。

一天，老大娘又给韩信送来了一些饭菜，韩信很激动，就对老大娘说：“大娘，您对我真好，等我以后做了大事，一定要好好地报答您老人家！”

老大娘听了这话却生气了。她说：“你以为我是为了让你报恩才帮你的吗？错了！我看你是个堂堂大丈夫却不能养活自己，因为同情你才帮你的！”

韩信听了老大娘的话，默默地吃着饭，就不再多说什么了。不久，韩信就拜别了老大娘，离开了家乡，出外闯荡去了。

很多年过去了，韩信成了刘邦军中的名将，帮助刘邦打下了天下，建立了汉朝。刘邦封他为楚王，有了很高的声望。但是，他心里一直惦记着当年接济过他的那位老大娘。

韩信让人打听到了老大娘，经常派人给老大娘送去各种物品，好让老大娘不再过那劳碌贫困的生活，而且还特意回家乡看望老大娘，并给老大娘送了一千两黄金。

老大娘说：“你不要拿这些钱给我，一来我已经老了，活不了几天了，要这么多钱没有什么用了，二来也没有为你做过什么大不了的事，哪能要你这么多的钱呢？”

韩信恳切地说：“当年我饿肚子的时候，您给我吃的虽然是粗茶淡饭，但对我来讲这帮助是很可贵的，更何况您那时是在自己生活也很困难的情况下帮助我的。现在我有能力了，理应报答您老人家！并且当年我也说过，等我以后做了大事，一定要好好报答您的。”

他还说：“我知道，您当年不是为了要我报答才帮助我的。也正因为如此，我才更感到您是真心对我好。所以，我就更应当好好地感谢您、报答您！”

韩信的故事我们都听说过，这也是成语“一饭千金”的由来。济困、报恩，都是中华民族的传统美德。韩信在困顿时得到过那位老大娘的接济，并声称要好好报答她老人家，这属常理。韩信帮助刘邦打下了天下，封了侯后，报答那位老大娘，这是践诺，这是守信。但是正是韩信怀揣着对老大娘的感恩之心，他才在心中埋下了远大的抱负，并韬光养晦，辅佐刘邦战胜项羽，成为了伟大的军事家。

或许我们在这个冰冷的社会尘封了太久，甚至面对生命中的感恩时，我们也会感到错愕，甚至没有准备好去迎接别人的关爱。但当这份关爱与我们悄然相遇时，心中的那份温暖足以让我们相信，这个世界只有充满关怀，才能让我们心中充满温暖。

在一个闹饥荒的城市，一个家庭殷实而且心地善良的面包师把城里最穷的几十个孩子聚集到一块，然后拿出一个盛有面包的篮子，对他们说：“这个篮子里的面包你们一人一个。在上帝带来好光景以前，你们每天都可以来拿一个面包。”

瞬间，这些饥饿的孩子仿佛一窝蜂一样涌了上来，他们围着篮子推来挤去大声叫嚷着，谁都想拿到最大的面包。当他们每人都拿到了面包后，竟然没有一个人向这位好心的面包师说声谢谢，就走了。

但是有一个叫依娃的小女孩却例外，她既没有同大家一起吵闹，也没有与其他人争抢。她只是谦让地站在一步以外，等别的孩子都拿到以后，才把剩在篮子里最小的一个面包拿起来。她并没有急于离去，她向面包师表示了感谢，并亲吻了面包师的手之后才向家走去。

第二天，面包师又把盛面包的篮子放到了孩子们的面前，其他孩子依旧如昨日一样疯抢着，羞怯、可怜的依娃只得到一个比头一天还小一半的面包。当她回家以后，妈妈切开面包，许多崭新、发亮的银币掉了出来。

妈妈惊奇地叫道：“立即把钱送回去，一定是揉面的时候不小心揉进去的。赶快去，依娃，赶快去！”当依娃把妈妈的话告诉面包师的时候，面包师面露慈爱地说：“不，我的孩子，这没有错。是我把银币放进小面包里的，我要奖励你。愿你永远保持现在这样一颗平安、感恩的心。回家去吧，告诉你妈妈这些钱是你的了。”她激动地跑回了家，告诉了妈妈这个令人兴奋的消息，这是她的感恩之心得到的回报。

世上的人都不愿意吃亏，都以为比别人多得到一些才能让自己收获更多。但是真正的财富往往藏匿于吃亏与困厄之中。

因此，我们必须学会为所失去的感恩，也接纳失去的事实，不管人生的得与失，总是要让自已的生命充满了亮丽与光彩，不再为过去掉泪，努力地活出自己的精彩，让感恩常伴你的左右，幸福自然也会飞往你的心中。

以平常之心，接受已发生的事。以宽阔之心，包容对不起我们的人。以不变之心，坚持正确的理念。以喜悦之心，帮助须帮助的人。以放下之心，面对难舍的事。以美好之心，欣赏周遭的事物。以真诚之心，对待每一个人。以愉悦之心，分享他人的快乐。以无私之心，传承成功之经验。以感恩之心，感激拥有的一切。

感谢生活中的那些逆境

卖冰激淋必须从冬天开始，因为冬天顾客少，逼迫你降低成本改善服务。如果能在冬天中生存，就再也不会害怕夏天的竞争；同样只有吃过苦才知道享受生活美好。想在顺境中事业能蒸蒸日上，就必须在逆境中经过一番锤炼，这就是台湾著名企业家王永庆提出的“冰激淋哲学”。不因幸运而固步自封，不因厄运而一蹶不振。真正的强者，善于从顺境中找到阴影，从逆境中找到光亮，时时校准自己前进的目标。

逆境为何物，何为逆境？不同的人有不同的说法，不同的时侯有不同的想法，不同的地方有不同的看法。逆境与顺境其实是可以转化的，有的人认为是逆境，有的人却视之为顺境。人世间没有永远的逆境，也没有永远的顺境，看你抱怎样的人生观和方法论，所以说不一样的思想，决定不一样的人生。

巴尔扎克说：“世界上的事情永远不是绝对的，结果完全因人而异。苦难对于天才是一块垫脚石，对能干的人是一笔财富，对弱者是一个万丈深渊。”逆境是一些大大小小的拦路石，对有的人它是走向成功道路的阶梯，对有的人它是埋葬人生幸福的坟墓。

这是一个真实的故事：

他5岁时就失去了父亲，14岁时便辍学开始了流浪生涯。

他在农场干过杂活，当过电车售票员，但都很不开心。

16岁时他谎报年龄参了军，但军旅生活也并不顺心。服役期满后，他开了个铁匠铺，但不久就倒闭了。

随后，他在南方铁路公司当上了一名机车炉工。对这份工作，他很喜欢，因此，他以为终于找到了属于自己的位置。

18岁时他结了婚，在得知太太怀孕的同一天，他却接到了被解雇的通知。

后来有一天，当他在外面四处奔波，忙着找工作时，他的太太卖掉了他们所有的财产，从此没了踪影。

随后，大萧条就开始了。他却没有因老是失败而放弃，反而一直在努力寻找出人头地的机会。

他曾通过函授学习法律，但后来因生计所迫，不得不放弃。

他卖过保险，也卖过轮胎。

他经营过一条渡船，还开过一家加油站。

但最后这些都失败了。

有人对他说，认命吧，你永远也成功不了。

有一天，他一个人躲在郊外的草丛中，谋划着一次绑架行动。

尽管一直以来他的日子过得一塌糊涂，可在此之前他从来没有动过绑架这一冷酷的念头。然而，当他等待着目标进入他的攻击范围时，他开始深深地痛恨起自己来。

最后，绑架行动失败，因为他还是没能突破自己良心上的不安。

后来，他成了一家餐馆的主厨。但不久，一条新修的公路刚好穿过那家餐馆，他无奈地又一次失业了。

接着，他就到了退休的年龄。时光飞逝，眼看一辈子都过去了，而他仍一无所有。

他不是第一个，也不是最后一个到了晚年还无以为荣的人。也许幸福鸟，或随便什么鸟，总是在不可企及的地方拍打着翅膀。

他一直安分守己，除了那次未遂的绑架，但他只是想从离家出走的太太那儿夺回自己的女儿。不过，母女俩后来还是回到了他的身边。

要不是有一天邮递员送来了属于他的第一份社会保险支票，他还不会意识到自己老了。这份保险支票就好像在对他说，一辈子当中，轮到你击球时你都没能打中，现在，不用再打了，该是放弃、退休的时候了。这一张退休金支票，就像在不断地对他说："你老了！老了！……"那天，他身上的某种东西被激怒了，他又一次觉醒了。

他说："呸！"但他还是收下了那张105美元的支票，并用它开创了自己崭新的事业。

而今，他的事业欣欣向荣。而他，也终于在88岁高龄时大获成功。

这个在生命的终点开始走向辉煌的人就是哈伦德·山德士，肯德基的创始人。他用他的那一笔社会保险金创办的崭新事业正是闻名于世的肯德基家乡鸡。

人生的幸运和成功不知何时才能真正降临在自己的头上，因此莫因幸运而固步自封，莫因厄运而一蹶不振。逆境和厄运是我们人生积淀的重要组成部分，真正的成功者总是善于从黑暗中找到光亮，在逆境中找到力量，并发现成功的契机。逆境能打败弱者，也能造就强者。天无绝人之路，奇迹多是在经历磨难和挫折后赐予那些勇敢者的最大奖赏。

在19世纪末英国的乡下，有个绅士带着他的孩子到溪边野餐。一个不留神，孩子竟然掉到水流湍急的溪水里，众人一时张皇失措，不知该如何是好。

这时，有个叫弗莱明的乡下小孩子，奋不顾身地跳进溪水中，三两下便将小孩救了上来。

绅士十分感激弗莱明的英勇行为，当下便给弗莱明一个承诺，愿意负担他一生所有的学费。

30年后，弗莱明借着他供应的学费，在一所知名的大学中，担任研究工作，负责进行有关细菌培养的医学实验。

当时一切科技都还在萌芽阶段，弗莱明负责的细菌培养工作，可说是十分艰难，时常因为细菌保存温度的控制不当，而让培养皿中的培养液发霉，培养液一旦发霉，就只有全部丢弃，实验要重新再来一次。

每逢遇到这种情况，弗莱明的同事们总是满腹牢骚、怨天尤人。但弗莱明的态度则不一样，他不是将发霉的培养液丢掉了事，而是不断地透过显微镜，观察已经发霉的培养液，他想要了解为什么发霉的培养液就不能再使用。

经过不断地研究，终于弗莱明在显微镜下，清楚地看到侵入培养皿的霉菌，正在不停地吞噬培养液中的细菌。弗莱明从中得到灵感，成功地于公元1929年，在一个个被实验室同事舍弃不要的培养皿中，提炼出可以对抗致命病菌的“青霉素”，也就是今天医学界依赖颇多的“盘尼西林”。

不久，英国的首相丘吉尔不幸罹患当时足以致命的肺炎，群医束手无策。有人向他推荐，考虑用新药物“青霉素”，可能对他的致命肺炎有效。

但一向固执的丘吉尔不为所动，坚持不愿成为试验新药的白老鼠。直到丘吉尔了解到原来发明“青霉素”的学者是弗莱明，丘吉尔才同意：“如果是他，我愿意试试。毕竟在我小时候，他曾救过我，我想这一次，他应该不至于害死我才对。”

从挫折中找到拯救世人良药的弗莱明，再次救了丘吉尔一命；而丘吉尔在二次大战期间，领导欧洲盟军，成功地扼制了纳粹称霸世界的野心。弗莱明在困境中的努力，间接影响了全世界命运的转变，成果着实非凡。

在很多的时候，我们之所以未能获得成功，往往就是少了那么一点点的坚持和自信。当我们的好运真正来临时，往往是因为我们经受了足够的逆境与困厄。

“最好的总会到来，”每当失意时，利特母亲就这样说，“如果你坚持下去，总有一天你会交上好运。并且你会认识到，要是没有从前的失望，那是不会发生的。”

母亲是对的，当利特从哈佛大学毕业后，利特发现了这点。利特当时决定试试在电台找份工作，然后，再设法去做一名体育播音员。利特搭便车去了芝加哥，敲开了每一家电台的门，但每次都碰了一鼻子灰。在一个播音室里，一位很和气的女士告诉利特，大电台是不会冒险雇用一名毫无经验的新手的。“再去试试，找家小电台，那里可能会有机会。”她说。利特又搭便车回到了伊利诺斯州的迪克逊。虽然迪克逊没有电台，但利特父亲说，蒙哥马利·沃德公司开了一家商店，需要一名当地的运动员去经营体育专柜。由于利特在迪克逊中学打过橄榄球，于是利特提出了申请。那工作听起来正适合利特，但利特没能如愿。

利特失望的心情一定是一看便知。“最好的机会总会到来。”母亲提醒利特说。父亲借车给利特，于是利特驾车行驶了70英里来到了特莱城。利特试了试爱荷华州达文波特的WOC电台。节目部主任是位很不错的苏格兰人，名叫彼特·麦克阿瑟，他告诉利特说他们已经雇用了一名播音员。当利特离开他的办公室时，受挫的郁闷心情一下子发作了。利特大声地问道：“要是不能在电台工作，又怎么能当上一名体育播音员呢？”

利特正在那里等电梯，突然利特听到了麦克阿瑟的叫声：“你刚才说体育什么来着？你懂橄榄球吗？”

接着他让利特站在一架麦克风前，叫利特凭想象播一场橄榄球比赛。而前一年秋天，利特所在的那个队在最后20秒时以一个65码的猛冲击败了对方。在那场比赛中，利特打了15分钟。利特的想象播出成功了，于是彼特告诉利特，他将让利特选播星期六的一场比赛。

在回家的路上，就像自那以后的许多次一样，利特想到了母亲的话："如果你坚持下去，总有一天你会交上好运。并且你会认识到，要是没有从前的失望，那是不会发生的。"

孟子说过："故天将降大任于斯人也，必先苦其心志，劳其筋骨，饿其体肤，空乏其身，行拂乱其所为，所以动心忍性，曾益其所不能。"正是如此，成功的人敢于面对命运中的困厄与苦难。垂暮之年的康熙回顾他自己的光辉岁月，不由地慨然感叹：如果没有鳌拜、吴三桂、葛尔丹等人，自己就不能成就这番辉煌业绩。他举杯向那些已经被消灭了的敌人敬酒，并大喊："来世再与我为敌吧！"无须去考究细节的真实，康熙的感慨发人深思。如果可以假设，没有那些内忧外患，康熙将是一个平庸的太平皇帝，从而淹没在历史的尘埃中。

好运就像一道绚丽的彩虹，没有云雾的笼罩和风雨的洗礼，是不会诞生的。好运就像一块真金，不淘尽泥沙是不会显现的。

命运之神把一串串、一堆堆的苦难降临到优秀人物的头上，看他如何苦痛，如何拼搏，如何百挫不退，而后，才能向他献上鲜花和甜果。

水能直至大海，就是因为它巧妙地避开所有障碍，不断拐弯前行。许多聪明人没能成功，不少是撞了南墙不回头。人生路上难免会遇到困难，拐个弯，绕一绕，何尝不是个办法。山不转，路转；路不转，人转。心念一转，逆境也能成机遇。

坚韧不拔的意志是力量的源泉

人生之路，不是阳光明媚的康庄大道，但我们只要越过障碍，就会发现另一片美丽的蓝天。人生不论经历了多少风雨，多少坎坷，多少荆棘，但我们应该保持这样一个信念不经历风雨的洗礼，怎能见到绚丽的彩虹？“人有悲欢离合，月有阴晴圆缺。”在人生的道路上，不可能总是一帆风顺，总有许许多多的困难在等待着我们。这时，我们应化痛苦为力量，毫不犹豫的选择坚强。只要你在挫折时不屈服，失败时能从容，困难时能面对，坚强一定属于你！成功也就一定属于你！

在每一种追求中，作为成功之保证的与其说是卓越的才能，不如说是追求的目标。目标不仅产生了实现它的能力，而且产生了充满活力、不屈不挠为之奋斗的意志。因此，意志力可以定义为一个人性格特征中的核心力量，概而言之，意志力就是人本身。它是人的行动的驱动器，是人的各种努力的灵魂。真正的希望以它为基础，而且，它就是使现实生活绚丽多姿的希望。在伯特尔修道院镌刻着一句格言："希望就是我的力量"，这句格言似乎与每个人的生活息息相关。

塞亚克对儿子说："当断不断、优柔寡断真让人伤心。"的确，没有比一个人的勇敢果断更为难能可贵的财富。即使一个人的努力最后惨遭失败，他也会因为意识到自己已经尽心尽力，而无怨无悔和感到欣慰。在平淡无奇的生活中，看到一个人面对艰难困苦气节凛然、顽强拼搏；看到一个人满腿鲜血、四肢失去知觉，却凭着勇气奋然前行，这是最令人感到欢欣鼓舞和最为壮观的事情。

有这样一个故事：

他的名字叫约翰尼·卡许，出生在阳光普照的棉乡。他从小就经常下地劳动，高中毕业后，他参军离开了家乡，不久部队派他去了德国。在那儿的一个军人商店里，他买到了自己有生以来第一把吉他。你看，他这个人早有一个梦想——一个在家从父亲买的收音机里第一次听到音乐时就产生的梦想：他想当个歌手。

有一次，他在教堂里看了一个歌唱小组的演唱，他亲眼目睹了落幕时观众纷纷要求歌手签名的热烈情景。这也是他希望得到的荣誉。于是，他决定要好好练习唱歌，要让观众也来请他签名。他开始在德国自学弹吉他，并练习唱歌，他甚至自己创作了一些歌曲。

服役期满后，他开始努力工作以实现当一名歌手的夙愿，可他没能马上成功。没人请他唱歌，就连电台唱片音乐节目广播员的职位也没能得到。他只得靠挨家挨户推销各种生活用品维持生计，不过他还是坚持练唱。他组织了一个小型的歌唱小组在各个教堂、小镇上巡回演出，为歌迷们演唱。

最后，他灌制的一张唱片奠定了他音乐工作的基础。他吸引了两万名以上的歌迷，金钱、荣誉，在全国电视屏幕上露面，所有这一切都属于他了。他对自己坚信不疑，这使他获得了成功。

然而，卡许接着又经受了第二次考验。经过几年的巡回演出，他被那些狂热的歌迷拖垮了，晚上需服安眠药才能入睡，而且还要吃些“兴奋剂”来维持第二天的精神状态。他开始沾染上一些恶习：酗酒、服用巴比妥酸盐（催眠镇静药）和安非他明（刺激兴奋性药物）。他对这些药物的依赖性非常强烈，竟常常破门闯入药店获取所需的药片。他渐渐失去了观众，也不再获奖。他的朋友都试着帮助他，但他根本听不进去，他的恶习日渐严重，以至于对自己失去了控制能力。

他不是出现在舞台上而是更多地出现在监狱里了。到了1961年，他每天必须吃一百多片药。

一天早晨，当他从佐治亚州的一所监狱刑满出狱时，一位行政司法长官对他说："约翰尼·卡许，我今天要把你的钱和麻醉药都还给你，因为你比别人更明白你能充分自由地选择自己想干的事。看，这就是你的钱和药片，你现在就把这些药片扔掉吧；否则，你就去麻醉自己，毁灭自己，你选择吧！"

卡许选择了生活，他又一次对自己的能力做了肯定，深信自己能再次成功。他回到纳什维利，并找到他的私人医生。医生不太相信他，认为他很难改掉吃麻醉药的坏毛病，医生告诉他："戒毒比找上帝还难。"

卡许开始了他的第二次奋斗。他把自己锁在卧室里闭门不出，一心一意就是要根绝毒瘾，为此他忍受了巨大的痛苦，经常做噩梦。后来在回忆这段往事时，他说，他总是昏昏沉沉，好像身体里有许多玻璃球在膨胀，突然一声爆响，只觉得全身布满了玻璃碎片。当时摆在他面前的，一边是麻醉药的引诱，另一边是他奋斗目标的召唤，结果他的信念占了上风。

几个星期以后，他又恢复到原来的样子，睡觉不再做噩梦，他努力实现自己的计划。几个月后，他重返舞台，再次引吭高歌。他不停息地奋斗，终于又一次成为超级歌星。

没有人能相信约翰尼·卡许能战胜毒品的毒害，但是他终究依靠自己钢铁一般的意志力战胜了这一切，并且重新走入了正常的生活轨迹，他的歌声重获新生，正像他重获自由一般。每位歌迷都由衷地钦佩他的意志力。

狄更斯说过：“顽强的毅力可以征服世界上任何一座高峰！”如果你不抛弃生活，那么生活也不会抛弃你。而事实上，很多人都把失败的责任推给命运、运气以及其他一些客观条件，却从来不愿意正视自己的过失。所以有句俗语是这样说的：“魔鬼害怕意志坚强的人。”因为魔鬼就是人们心中的阴暗面，意志坚强的人心中就会战胜那些放弃的念头，又怎么会有魔鬼存在呢?

《命运交响曲》是贝多芬最杰出的一部作品，它的主题是反映人类和命运搏斗，最终战胜命运。这也是他自己人生的写照。这是第一乐章中连续出现的沉重而有力的音符。贝多芬说：“命运就是这样敲门的。”

贝多芬是世界著名的音乐家，也是命运最糟的一个。童年，贝多芬是在泪水浸泡中长大的。家庭贫困，父母失和，造成贝多芬性格上严肃、孤僻、倔强和独立，在他心中蕴藏着强烈而深沉的感情。他从12岁开始作曲，14岁参加乐团演出并领取工资补贴家用。到了17岁，母亲病逝，家中只剩下两个弟弟、一个妹妹和已经堕落的父亲。不久，贝多芬得了伤寒和天花，几乎丧命。贝多芬简直成了苦难的象征，他的不幸是一个孩子难以承受的。尽管如此，贝多芬还是挺过来了。他对音乐酷爱到离不开的程度。在他的作品中，有着他生活的影子，既充满高尚的思想 ，又流露对人间美好事物的追求、向往。对美丽的大自然他有抒发不尽的情怀。说贝多芬命运不好，不光指他童年悲惨，实际上他最大的不幸，莫过于28岁那年的耳聋。先是耳朵日夜作响，继而听觉日益衰弱。他去野外散步，再也听不见农夫的笛声了。从此，他孤独地过着聋人的生活，全部精力都用于和聋疾苦战。贝多芬活在世上，能理解他的人太少了，而唯一能给他安慰的只有音乐。他作曲时，常把一根细木棍咬在嘴里，借以感受钢琴的振动，他用自己无法听到的声音，倾诉着自己对大自然的挚爱，对真理的追求，对未来的憧憬。他著名的《命运交响曲》就是在完全失去听觉的状态中创作的。他坚信“音乐可以使人类的精神爆发出火花”。“顽强地战斗，通过斗争去取得胜利 。”这种思想贯穿了贝多芬作品的始终。

生活中，真正的强者敢于吞噬自己的不幸而奉献给世人快乐，他们忍受着巨大的压力从而实现了在世人眼中无法完成的任务。

1827年3月26日，一个雷雨交加的夜晚，音乐巨人与世长辞，那时他才57岁。贝多芬的一生是悲惨的，世界不曾给他欢乐， 他却为人类创造了欢乐。贝多芬的身体是虚弱的，但他是真正的强者。

就像《命运交响曲》一般，他用生命为我们诠释与命运抗争，无疑是在指导我们：面对生活，要做一个意志力坚强如钢的人。

一只蝌蚪变成青蛙，它经历了时间的考验，变得坚强；一粒沙子变成珍珠，它经历了磨难的考验，变得坚强；一只雏鸟变成雄鹰，它经历了天空的考验，变得坚强。而作为人，我们还不如这一切吗？对于人类而言，成功=挫折+信心+坚强。如果你有信心克服困难，在坚强中不怕任何的挫折，那么，你就会获得成功。

第七章

行动吧，战胜困难，感悟精彩人生

只有当我们累得体无完肤的时候，

奋斗和拼搏才会更加精彩。

只有当我们疑惑不前的时候，

我们的智慧才能愈发放射出耀眼的光芒！

“人间四月芳菲尽，山寺桃花始盛开”，当读到这句诗时，沈括的的眉头凝成了一个结，“为什么我们这里花都开败了，山上的桃花才开始盛开呢？”，为了解开这个谜团，沈括约了几个小伙伴上山实地考察一番，四月的山上，咋暖还寒，凉风袭来，冻得人瑟瑟发抖，沈括茅塞顿开，原来山上的温度比山下要低很多，因此花季才来得比山下来得晚呀。凭借着这种求索精神和实证方法，长大以后的沈括写出了《梦溪笔谈》。

能让我们无能为力的只有我们自己的放弃，因此敢于挑战命运的人，从不放弃。

只有当我们面对更多的逆境、痛苦和失败的时候，我们的斗志才能更加激昂澎湃。只有当我们累得体无完肤的时候，奋斗和拼搏才会更加精彩。只有当我们疑惑不前的时候，我们的智慧才能愈发放射出耀眼的光芒！

在苦难中迎接阳光

苦难是一笔财富，它会锤炼人的意志，使人获得生活的真谛。中国有句成语说，苦尽甘来。另一句又说，吃的苦中苦，方为人上人。这些都是鼓励人要经受住苦难的考验，在面对苦难的时候要忍耐，要有希望，只有保持这样一种心态，才会走向人生的辉煌。

如果说人生是一首优美的乐曲，那么苦难则是其中一个不可缺少的音符。没有苦难，人生的乐曲就会缺少波澜。

人的一生都是在苦难中颠簸着前行。苦难宛如六月的雨，说来就来，毫无预兆，顷刻间就把一切都打乱了。面对着这突如其来的厄运，我们是前行，还是后退呢？也许后面看似风平浪静的安全出口会是你人生的坟墓；也许前面看似惊涛骇浪的绝境之地是生命中灿烂的阳光。面对着苦难退缩是怯懦，只有跨越它才能感受到苦尽甘来的喜悦。陶瓷要在煅烧中成形，凤凰要在浴火中才能重生，灵魂要在涅槃中才会露出金子般的成色。

史铁生说：“生命的磨难是一种必然降临的节日。”于是他从瘫痪中挺了过来，不为的，只为深爱他的母亲可以舒心；于是贝多芬在失聪的苦难中谱写出了激昂的第九交响曲；于是曹雪芹在举家吃粥的十年里写成了鸿篇巨制《红楼梦》；于是诺贝尔用生命的代价换取了震慑世界的一声巨响。在他们看来，苦难并不可怕，只要跨越了它，苦难就会给你送来一笔丰厚的财富。

约瑟夫·贺希哈是一位犹太人，小时候，还一度沦为在垃圾桶中寻找食物的小流浪汉。

在美国这个号称世界经济最发达的国家，年幼的约瑟夫·贺希哈虽然在学校读书机会不多，但他受父母的精神影响，人穷志不穷，他在流浪生涯中，时刻渴望有朝一日事业有成。他不像其他一些

孩子，环境的恶劣把他们的眼睛和志向都蒙住了，催化了他们不思进取的人格，甚至有的走向可怕的道路，诸如小偷小摸、打砸抢、吸毒贩毒以及加入黑社会等。

约瑟夫·贺希哈在流浪街头觅食的过程中，每天拾获别人废弃的报纸，他就坐在街边的石椅上看个不停，晚上借助路边灯光阅读捡来的书。在这么一种恶劣的环境下，他慢慢地对书报上的经济信息、股市行情产生了兴趣，他决心从股票方面发展自己的事业。一般人听起来会觉得十分可笑，一个衣不蔽体、食不果腹的一无所有者，竟然想发展股票事业，那简直是异想天开；但是约瑟夫·贺希哈就是凭着他这股顽强的进取精神，一步一步地向这个发展目标前进的。

1914年第一次世界大战开始了，纽约证券交易所和美国证券交易所都因经营惨淡而关闭了，美国绝大多数证券公司也岌岌可危。就在这个时刻，约瑟夫·贺希哈在奋发进取精神的驱使下，到证券交易所去找工作。几位在交易所门口玩纸牌的人听到他来找工作，不禁哄然大笑，认为他在股市大崩溃的情况下还想做股票工作，是不是神经有问题。

小贺希哈没有灰心丧气，他转身到别的交易所去寻找工作，接连受到了潮水般袭来的讥笑。他只好到了百老汇大街的依奎布大厦，在爱默生留声机公司找到了一份工作。那是一份干办公室勤杂和车间总机接线的工作，工薪很低，每周12美元。他愉快地接受下来。

小贺希哈认识到“千里之行，始于足下”，人生的奋斗目标，总是从足下开始。他牢牢记住古希腊物理学家阿基米德的名言：“只要给我一个支点，我就能撑起整个地球。”他满腔热情地开始了工作，并珍惜自己获得的一个支点的机会，利用晚间和假日认真钻研股票业务和市场行情。

不久，贺希哈发现爱默生留声机公司发行股票和经营股票，于是他用心注意着公司的经营情况。他想，自己现在从事的勤杂工作与高层次的股票工作差距太大，怎么能使自己靠拢它直到参与它呢？他边工作边注意公司运作规则，边考虑怎么登上这一台阶。一天，他发现总经理办公室里有一个股市行情指示器，他凭着多年钻研股票的知识，深知它的作用。他在该公司卖力工作了半年多，在总经理的眼里留下了一点儿印象。于是，在一天上午，他鼓起勇气，敲开总经理办公室的门，大胆地提出：“总经理先生，我可以做您的股票经纪人吗？”

总经理惊讶后沉默了一下，盯着这位犹太小伙子，觉得他半年来工作勤快，反应灵活，并有勇气向自己提出这个要求，心里已默认了。他对贺希哈说：“胆量是大海冲浪的首要条件，你既然有这种勇气，可以试试看！”

此后，贺希哈成为爱默生留声机公司股票行情图的绘制员，他运用自己积累的股票知识和行情资料，很快就上手了。在工作中，他对股票买卖领悟更深了，为他日后事业的发展打下了坚实基础。

贺希哈在爱默生公司工作时，节衣缩食，设法为自己积累一点儿本钱。他每天除了花很少的车费、午餐和零用钱外，其余全部储蓄下来，同时，他还替另一家股票交易所当跑腿，这份兼职工作是从每天下午6时到第二天凌晨2时，来回跑送有关文件，从中每星期赚取12美元的报酬。经过3年的艰辛努力，他积攒了250美元。于是，他根据自己的奋斗计划，自己独立成为一名股票经纪人，从此走上发迹之路。不到一年时间，他已经拥有168万美元资产了。

如何在苦难中寻得宁静祥和的心态？如何在苦难中找到最真实的自我？

也只有经历过苦难的“过来人”才能够真正去理解苦难，并赋予苦难一个最贴切的解释。

苦难是一块试金石，它可以剥去一个人的外表，显现出一个人的真实面目，是沙是金，一验便知。但是对于努力奋斗、抗争苦难的人来说：有时候，苦难亦是一种动力；有时候，苦难是压在人胸口的石头，让我们拼命地想翻身，这才是苦难的真正价值所在。

诺贝尔最初研制炸药时，他所创建的硝化甘油的实验工厂曾被炸为灰烬。当时，有五个人被炸死，其中一个是他正在上大学的弟弟，另外4个是他的亲密助手。

当诺贝尔的母亲得知次子惨死的噩耗以后，悲痛欲绝；年老的父亲因太受刺激引发脑溢血，从此半身瘫痪。人们纷纷像躲避瘟神一样躲着诺贝尔，再也没有人愿意出租土地给他进行如此危险的实验。

可是，在巨大的失败和痛苦面前，诺贝尔没有退缩。就在爆炸惨案发生几天后，人们就发现在远离市区的马拉仑湖上，出现了一艘巨大的船，船上并没有什么货物，而是摆满了各种实验设备。原来，大难不死的诺贝尔在被当地居民赶出来后，跑到这里来继续他的实验工作了。

终于，诺贝尔经过反复实验后获得了巨大的成功。他发明了雷管，这是科学史上的一个重大突破。不久，他又在德国汉堡等地建立了炸药公司。

一时间，诺贝尔生产的炸药成了抢手货，源源不断的订单从世界各地纷至沓来，他的财富也与日俱增。

对于每个人来说，突然来临的挫折和失败都不是人生的末日，而恰恰是改变命运，获得更大成功的开始。不破不立，如果不碰到挫折和苦难，我们就会安于现状，为眼前的细枝末节所麻痹，从而淡忘了人生奋斗的真实意义。

人生中最艰难困苦的时刻，是令人难以忍受的，但却也是接近成功的时候。只要你能学会坚持，不断总结失败的教训，成功很快就会到来。正如伟大的科学家诺贝尔所说：“坚韧不拔的勇气，是实现目标的过程中不可或缺的条件。”

1914年12月，当托马斯·爱迪生67岁的时候，他的实验室毁于一场火灾，损失超过300万美元，而他的保险金额只有40万美元。更糟糕的是，他所有的研究成果都毁于一旦，他的学术论文集、所有的图样和笔记都化为灰烬，他的事业被摧毁了。

他的儿子找到他的时候，他正从遥远的地方望着熊熊燃烧的烈火。他非常冷静，微笑地看着火焰一点点地蔓延。他只是急忙请别人将他的妻子带到自己身边。当妻子到达现场的时候，他说：“看呀，我们有生之年再也见不到这样壮观的场面了。灾难有很大的价值。我们所有的错误都被烧掉了。谢天谢地，我们又能完全从头开始了。”

如果你也遇上了灾难，想必不会像托马斯·爱迪生那样冷静、从容、笑对人生。但是我们为什么不能向这位发明大王去学习呢？笑对苦难与失败，这肯定会对你有帮助，如今你有了一个重新开始的机会！ 在人生的旅途中，挫折总是挡在我们通往成功的道路上。如果说挫折是一把锁，那么坚韧的奋斗之心则是打开这把锁的钥匙。

即使是灾难也不足以让我们垂头丧气。有时候，可能一次可怕的遭遇会使我们倍受打击，认为未来都失去了意义。在这种情况下，我们必须让自己相信：灾难中也常常蕴含着我们未来的机遇。

在人的苦难面前，乐观是非常重要的一个品性。如果你不具备乐观的品性，就无法忍受挫折和失败，甚至在成功的航道上刚一起锚，就会被疾风恶浪打倒了。

人生难免经受挫折，风雨过后就是彩虹；生活难免遭受苦难，雨过天晴终有阳光。“吃亏是福”不但是一种人生策略，更是一种生活智慧。吃小亏不但可以赢得人们的景仰，还可学到人生大智慧。受伤害能磨练你的心志，受欺骗能增长你的见识，受遗弃会教你自立的本领，受批评能助长你的智慧。要成功、要幸福，就必须改变心态，用积极正面的眼光，与逆境共处，拥抱伤痛。

坚守信念，相信未来

你给世界一个什么姿态，世界将还你一个什么样的人生。能让你逐渐强大的，不是坚持，而是放下；能让你慢慢淡泊的，不是得到，而是失去；能让你重新开始的，不是等待住事的结束，而是勇敢地和它说再见；能让你终生追逐的，不是远方的目标，而是不死的信念。

千百年来，人们讲求诚信，推崇诚信。诚信之风质朴淳厚。远在三国时期，刘备三顾茅庐的故事每个人可能都听说过：诸葛亮辅佐刘备并受托孤之重任，正如《出师表》所言："追先帝之遗诏，臣不胜受恩感激，今当远离，临表涕零，不知所言。"一心为汉，六出祁山，耗尽毕生心血，留下千古美名。什么是诚信？诸葛亮就是诚信。诚实守信，能够履行承诺而取得他人信任。

丢掉了诚信就等于丢掉了人性中的闪光点，丢掉了可以搭筑人与人感情桥梁的基石。

打碎花瓶敢于承认错误的列宁成为俄国革命的伟大领袖；打碎别人玻璃诚实地承认并保证归还父亲赔偿玻璃钱的里根成了美国伟大的总统；海尔因为它的信誉而使产品畅销全国乃至世界。

18世纪英国的一位有钱的绅士，一天深夜走在回家的路上，被一个蓬头垢面衣衫褴褛的小男孩儿拦住了。

“先生，请您买一包火柴吧。”小男孩儿说道。

“我不买。”绅士回答说。说着绅士躲开男孩儿继续走。

“先生，请您买一包吧，我今天还什么东西也没有吃呢。”小男孩儿追上来说。

绅士看到躲不开男孩儿，便说：“可是我没有零钱呀。”

“先生，你先拿上火柴，我去给你换零钱。”说完男孩儿拿着绅士给的一个英镑快步跑走了，绅士等了很久，男孩儿仍然没有回来，绅士无奈地回家了。

第二天，绅士正在自己的办公室工作，仆人说来了一个男孩儿要求面见绅士。于是男孩儿被叫了进来，这个男孩儿比卖火柴的男孩儿矮了一些，穿得更破烂。

“先生，对不起了，我的哥哥让我给您把零钱送来了。”

“你的哥哥呢？”绅士道。

“我的哥哥在换完零钱回来找你的路上被马车撞成重伤了，在家躺着呢。”

绅士深深地被小男孩儿的诚信感动无比：“走！我们去看你的哥哥！”

去了男孩儿的家一看，家里只有两个男孩的继母在照顾受到重伤的男孩儿。

一见绅士，男孩连忙说：“对不起，我没有按时给您把零钱送回去，失信了！”

绅士却被男孩的诚信深深打动了。当他了解到两个男孩儿的父母双亡时，毅然决定把他们生活所需要的一切都承担起来。

面对孩子的诚信，绅士被默默打动，并负责照顾孩子的饮食起居，因为他发现，正是孩子的这种金子般的品质深深感染了他。

一个人可以贫穷，可以无知，可以笨拙，但是只要他的诚信还没有丢，那他总有一天可以斩获人生的成功。

对于年轻人来说，诚信更是让自己脱颖而出的无价品质。

福勒是美国一位黑人家的孩子，他有7个兄弟，家里相当贫穷，他决定把经商作为生财的一条捷径，他最后选定经营肥皂。

于是，他就挨家挨户出售肥皂，长达12年之久。后来向他供应肥皂的那个公司即将拍卖，售价是15万美元。

他决定买下这家公司，但他在经营肥皂的12年中，一点一滴只积蓄了2.5万美元作为保证金，然后要在10天的限期内付清剩下的12.5万美元，如果他不能在10天内筹齐这笔款子，就要丧失所预付的保证金。

福勒在他当肥皂商的12年中，获得了许多同行的尊敬和赞赏。现在他去找他们帮忙了。他从私交的朋友那里借了一些款，也从信贷公司和投资集团那里获得了援助。

在第十天的前夜，他筹集了11.5万美元，也就是说，还差1万美元。

福勒回忆说：“当时我已用尽了我所知道的一切贷款渠道。那时已是沉沉深夜，我在幽暗的房间里自言自语：我要驱车走第61号大街。”

夜里11点钟，福勒驱车沿芝加哥61号大街驶去。驶过几个街区后，他看见一所承包商事务所亮着灯光。他走了进去。在那里，在一张写字台旁坐着一个因深夜工作而疲惫不堪的人。

福勒意识到自己必须勇敢些。

“你想赚1000美元吗？”福勒直截了当地问道。这句话把那位承包商吓得向后仰去。

“是呀，谁不想发财呢？”他答道。

“那么，给我开一张1万美元的支票，当我奉还这笔钱时，我将另付1000美元利息。”福勒对那个人说。

他把其他借款给他的人的名单给这位承包商看，并且详细地解释了这次商业冒险的情况。

那天夜里，福勒在离开这个事务所时，衣袋里已装了一张1万美元的支票。

后来，他不仅在那个肥皂公司，而且在其他7个公司，包括四个化妆品公司、一个袜类贸易公司、一个标签公司和一个报馆，都获得了控制权。

很多有志青年都抱怨没有创业资本，于是彷徨无计，终日坐卧不安。孰不知每一个成功的人士在创业之初都会有同样的问题，唯一不同的是，他们总是能利用某种机遇成事，这也许就是他们之所以能够成功的秘诀之一吧。

但是面对纷繁复杂的商场，真正让自己获得胜利的却是金子一般的诚信。假如没了诚信，莫说让别人再相信你一次，恐怕连第二次合作的机会都没有，又怎么能给你第二次合作的机会呢？

1985年，海尔总裁张瑞敏的一位朋友在厂里买一台冰箱，结果挑了很多台都有毛病。朋友走后，张瑞敏把400多台冰箱检查了一遍，发现共有76台存在缺陷。

当时冰箱的价格是800多元，相当于一名职工两年的收入。张瑞敏说：“我要是允许把这76台冰箱卖了，就等于允许你们明天再生产760台这样的冰箱欺瞒消费者。”他亲自抡起大锤子砸下了第一锤！很多职工流着眼泪砸了冰箱。然后，张瑞敏告诉大家——有缺陷的产品就是废品。

如果，这些有缺陷的产品流入了市场，确实可以让海尔减少一些损失，获得一些眼前的利润。但是长此以往，客户对海尔的品质的信任一定大打折扣。正是这位拿起大锤的总裁，才为海尔的发展砸出了良好的信誉！

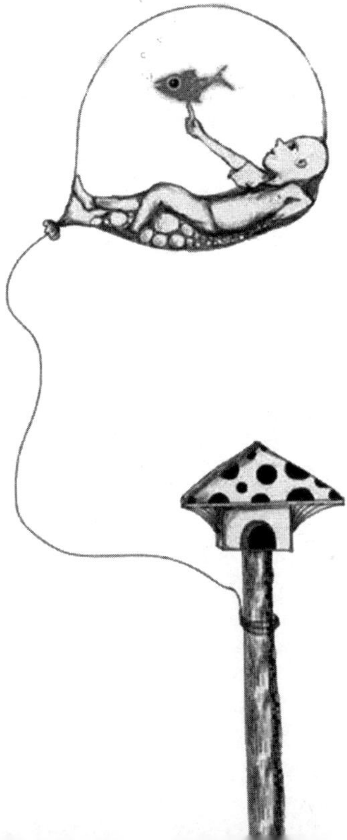

海尔的成功，无外乎是依靠追求品质、诚实守信来获取的，换而言之，海尔的成功正是因为别人卖的只是产品，张瑞敏卖的则是诚信。

因此谎言和投机取巧只能换来感慨、懊悔和遗憾，让我们坚守自己的诚信，始终如一。

人生中最珍贵的财富有六种：一是洋溢在脸上的自信； 二是融化在血里的骨气；三是打造进灵魂的信念；四是蕴藏在心中的梦想；五是丰盈在大脑的知识； 六是父母给的面貌！

积极面对所有的挑战

天下事无非三种情况，不可能成，不可能不成，可能成可能不成。绝大多数情况属于第三种。因此积极或消极成为事业成败的决定性因素。如果说成事在天，那么你的心态就是老天的旨意。

人们常说，我们不能改变世界，唯一能改变的只有我们自己。是的，生命无常，起起伏伏，充满着许多不如意的地方，但是有不少的东西是完全可以把握的，那就是我们对工作对生活的态度。有人说，每个人身上都有一种看不见的法宝，它的一面写着“积极心态”，另一面写着“消极心态”，积极的心态可以使你达到人生的顶峰，而消极的心态会使你一生贫苦和不幸。

有这样一个故事，主人公是一个贵族，他要出门到远方去。临行前，他把仆人召集起来，按着各人的才干，给他们银子。

后来，这个贵族回国了，就把仆人叫到身边，了解他们经商的情况。

第一个仆人说："主人，你交给我5000两银子，我已用它赚了5000两。"

贵族听了很高兴，赞赏地说："好，你既然在赚钱的事上对我很忠诚，又这样有才能，我要把许多事派给你管理。"

第二个仆人接着说："主人，你交给我2000两银子，我已用它赚了2000两。"

贵族也很高兴："我可以把一些事交给你管理。"

第三个仆人来到主人面前，打开包得整整齐齐的手绢说："尊敬的主人，看哪，您的1000两银子还在这里。我把它埋在地里，听说您回来，我就把它掘了出来。"

贵族的脸色沉了下来："你这又恶又懒的仆人，你浪费了我的钱！"于是夺回他这1000两，给那个有1万两的仆人，并说："凡是有的还要加给他；没有的，连他所有的也要夺过来。"

积极主动地去做事、去把握机会，是一个人心理状态的最佳反映，能主动积极地去做事，表明他的内心是掌握主动权的，是明白自己需要什么，该怎么去做的。而拥有这样状态的人，往往会更容易获得成功。而积极主动也是我们克服胆怯、扭转局势的强有力武器。

积极主动的人能成就自我，一念之差导致天壤之别，积极主动与消极被动使一个人产生了截然相反的动机，再配合个人的聪明才智，必将产生两种差别巨大的结果，即主动做事往往成就巨大的成功，而消极对待只会走向失败。

有心理学家曾对1000名创业成功者进行了调查研究，归纳出这些成功者走向成功的几个步骤，这些步骤都可以归纳为：他们都具有积极的心态，能够主动抓住机遇，并一直保持积极的自我意识、自我评价、自我控制以及自我期待。无数成功人士的成功经验表明，被动地等待机会只会被机会抛弃，只有主动争取，才能不断把握住机会，一步步走向成功，进而成为一个强者。

亨利和莱恩是同时进入一家公司的工程师，由于他们是新人，所以公司安排他们头6个月早上听课，下午完成工作任务。亨利每天下午都把自己关在办公室里，阅读技术文件，学习一些日后工作中可能用得着的软件程序，埋头苦干，当有的同事因手头忙碌请他暂时帮会儿忙时，都被他拒绝了。他认为，自己最关键的任务就是努力提高自己的技术能力，并向同事及老板证明自己的技术能力是如何出色，不能因为别的事情分了心，浪费了时间。

而莱恩除了每天下午花3个小时看资料外，就把剩余的时间都花在向同事们介绍自己并询问与他们项目有关的一些问题上了。当看到同事们遇到问题或忙不过来时，他就会主动去帮忙。

当时，所有办公室的PC都要安装一种新的软件工具，大家都不愿去干这件事，希望能跳过这种耗时的、琐碎的安装过程，由于莱恩懂得如何安装，他便自愿为所有机器安装这个工具，而且为了不影响大家的正常工作，他每天不得不早出晚归，在非工作时间给大家安装。

包括亨利在内的部分同事认为莱恩像傻瓜一样，真是闲着没事干。实际上，莱恩不仅在实践中提高了自己的技术能力，还拓展了自己的人脉，他们的上司也把这些都看在眼里。

6个月后，亨利和莱恩都顺利地完成了工作安排。他们的两个项目从技术上讲完成得都不错，亨利还稍显优势。但是经理却认为莱恩表现得更出色，并在公司高层管理人员会议上表扬了莱恩。亨利听说后，一时想不开，就去经理办公室问经理，为什么受到表扬的是莱恩而不是自己。

经理说："因为我所看到的莱恩是一个有主动性的工程师，善于为别人提供帮助，能够承担自己工作以外的责任，愿意承担一些个人风险为同事和集体做更多的事情。那么你做到了吗？"亨利禁不住红了脸，低下了头。

我们作为一个社会人，一定要养成主动做事的习惯，这是锻炼自我，成就自我很不错的方法；同时也是扩展自己的人脉、扩大自己的影响力的方法。只有这样积极主动地做事，我们才能逐渐强大，进而一步一步叩开成功的大门。我们千万不要消极地等待运气，等着天上掉下馅饼来。何况，如果你只是一味地等待，即使天上能掉下馅饼来，你也抢不到。

我们每个人都需要在步入社会的第一天就培养自己积极主动的心态，这样才会使自己在以后的生活中始终占据主动地位。

那么如何才能逐渐培养自己积极主动的心态呢?

这里有几条简单可行又有效的方法，只要我们坚持就一定会见效，那时，你会看到一个不一样的自己，你会在同事朋友中发现一个不一样的自己。

首先，每天确定一项明确的任务，可以是工作上的，可以是提高自我能力上的，然后把确定的任务或事情用大大的字体写在办公桌上的台历的醒目位置或者是屋子的醒目位置，这样你一抬头就能看见。甚至可以把确定的任务或事情告诉你的同事或朋友，让他们提醒你。

这种方法往往很有效，因为人都是有自尊的，当你的亲人或朋友询问你的工作任务完成得怎样时，即使你忘记了或者进展缓慢，你也会积极主动地抓紧时间去做。这样还可以不断地加强自己的执行力。

其次，每天至少做一件对他人有价值的事情，不要在乎是否有报酬。比如，帮同事查查资料，但不要期望同事会给你什么回报；或者给身边的人他们需要的帮助。

再次，日清日毕，当天的事情当天完成，不留尾巴。否则，事情越拖越多，压力既大，又挫伤了积极完成任务的信心，还会影响完成事情的质量。长此以往，你将陷入被动做事的怪圈，你为培养积极主动所做的努力也会付之东流。

最后，每天告诉别人养成积极主动习惯的意义，至少告诉一个人以上。你若能坚持做到这一点，你就成了为“积极主动做事”信念布道的使者，你的心态必先得到一种“质”的改变，支持着你的行动向“积极主动”上转变，相信你很快就会养成积极主动的好习惯，一旦有机会出现，你一定会牢牢抓住，成就自我。

人的一生，某种意义上说，就是一场自己对自己的战争。每个人身上，都依附着两个自己：好的和坏的。让积极打败消极，让高尚打败鄙陋，让真诚打败虚伪，让宽容打败计较，让快乐打败忧郁，让勤奋打败懒惰，让坚强打败脆弱，让伟大打败猥琐。只要你想，完全可以一辈子都做最好的自己。